于美人
幸福好食光

于美人 著

【自序】
美食當前，虛位以待

我是于美人，一個愛吃又熱愛烹飪的女人。我稱不上是老饕，也無意當一位美食評論家，儘管我是愛收集廚具與調味料到了狂熱境界的另類宅女，但是我的廚藝始終無法到達專業廚師的水準。

因爲我什麼也不是，只是單純地愛吃，所以這本寫了整整兩年才得以完成的書並不是一本老饕食記，也不算是美食評論，更稱不上是名家食譜，它只是一本單純以「吃」爲主角的故事書。

《于美人幸福好食光》裡頭都是我人生中與吃有關的眞實故事，有些故事傻到可以（包括很多既呆又好笑的童年故事、還有我從未公佈的參加烹飪比賽與開餐廳的蠢事）、有些故事則非常勵志、熱血沸騰（包括用美食療傷止痛、解決愛情難題、讓想要自殺的人願意好好繼續活著之類的生命力故事）、有些故事則讓我墜入了往日情懷，久久不能自拔。當然～《于美人幸福好食光》這本書也有不少內行的故事，與您攜手同行，一窺世界頂級餐廳之奧妙、一睹世紀頂級名廚之風采！

我始終秉持著「既來之、則吃之」「寧可誤食百味，不可錯失一味」的精神，吃遍台灣、周遊列國、卯足全力吃美食，而且我對美食的認眞執著程度連我自己都驚訝。我不太喜歡「偶遇」美食，我喜歡在出發之前就作足功課，把美食的故事瞭解個一清二楚，因爲我相信好的美食故事也可以讓美食增添不少風味！儘管如此，我還是不願意自詡爲老饕，因爲美食當前，我唯有保持「謙卑」才有機會享受到更多美食。

我也不願意評論美食，因爲「好吃與否」純屬個人主觀經驗，我相信每個人的內心深處都有一道無法取代的好滋味、一家無法取代的好餐廳，我知道我的故事絕對無法取代各位的美食經驗，但我還是非常樂意跟讀者朋友分享這些美食故事。我把「美食與分享」視爲等號，我盼望藉由我的故事可以讓讀者朋友願意對美食投入更多感情與熱情，把吃飯當作一種人生最重要的「儀式」，多珍惜與家人、朋友一起用餐的美好時光。

儘管這本書附帶了不少食譜，不過清一色都是簡單無比的懶人版食譜，因爲我在漫長幾十年的烹飪學習中悟出一個道理——「把菜做好」不如「讓菜好做」，所以我迫不及待想要跟大家一起分享我的懶人哲學，期待各位讀者朋友不要光顧著吃美食，偶爾也要嘗試一下進入廚房、做出一道屬於自己的「味自慢」成就感。

如果您問我：「這世界上哪種菜最好吃？」我會給您一個模稜兩可的答案：「都不錯！各有各的風味。」但是您千萬別以爲我在打馬虎眼，那可是我發自內心深處的標準答案呢！

對於美食，我永遠保持著「美食當前，虛位以待」的胸懷，我隨時打開心扉來迎接我從未吃過的美食、歡迎許久未吃的美食與我久別重逢。我告訴自己：「對於美食，千萬不可以有『先入爲主』的觀念！只要有一口氣在，我會竭盡所能來豐富自己的味覺，永遠用開放和謙虛的態度，給所有美食一個機會！」

美食是我生命中最重要的環節，串起我生命中的每一刻。我用美食來記錄我的人生、懷念我的過往，聯繫我的親情與友情；只要有機會好好地吃，那就是天堂！

【他序】

美人夜未眠

閻驊

我和于美人認識了將近二十年，那時她是一位知名的南陽街國文老師，因為賺了些錢，所以開始想要開公司學做生意，而我是那位被她花錢請來的大學生，負責擔任她在企畫與行銷方面的家教。

當時我正飽受背痛之苦（後來才知道是罹患僵直性脊椎炎），所以某天于美人熱心地表示要帶我去台中找一位神醫，而且還跟我約了隔天清晨五點在台北車站集合。

「為什麼這位台中神醫早上看病呢？難道他早上比較有靈感嗎？」我好奇地問。她並未給我任何答案，只是支支吾吾地說：「我們一大早去，應該比較有誠意吧？」

因為一大早就要出門，所以一直擔心睡過頭的于美人索性就待在辦公室裡，徹夜未眠。等到我們在台北車站見面時，她的臉已經水腫到一個很恐怖的境界。

不過到了台中之後，我們才赫然發現那家醫院根本沒開門，但是于美人似乎也沒多沮喪，她拍著我的肩膀笑著說：「沒關係！既然我們都來台中了，那麼就『既來之、則吃之』吧？我帶你去吃陳媽媽的大麵羹如何？這東西可是具有『食療』的效果呢！」

「食療？難不成這大麵羹是用中藥熬製的？可以治好我的腰酸背痛？」我不免好奇地問。

「不～我認爲美食就是『食療』！我想你只要能夠吃到好吃的大麵羹，就算沒見著神醫，你的病也會好上一大半了！」于美人似是而非地講著她的奇怪理論。

根本沒走個幾分鐘，我們居然就來到陳媽媽開的大麵羹。因爲這路程實在太近了，所以讓我不禁懷疑于美人究竟是帶我來看病，還是帶我來吃大麵羹呢？

明明也才早上七點多，陳媽媽的大麵羹攤位客人就已經絡繹不絕，我們等了很久才等到位置。在等待的過程中，我端詳著她那水腫的臉龐，因爲徹夜未眠，所以她的臉顯得異常疲憊，但是我彷彿又發現她的神情充滿了興奮與期待，好像遊樂園裡頭排隊等待雲霄飛車的小朋友。

這時我突然回憶起我們之前在公館吃七十元牛排的往事，明明只是一個再平凡不過的廉價牛排，但是于美人就是有本事把這平凡無奇的牛排講成絕世佳餚，而且還附帶很多美食故事，讓你聽得著迷，而且越聽越饞，不自覺又多點一客。也就是這個原因，所以常跟她一起吃飯的人都特別容易發胖！

其實于美人那時食量並不大，而且吃東西也不講究、更不挑食！她只是很享受吃飯的過程，所以大家都很喜歡跟她一起吃飯，因爲跟著對吃樂在其中的人吃飯的確是一種享受，任誰也會感到快樂！

她平常算是非常安靜，不怎麼愛說話，所以當時誰也沒料到她日後會成爲知名主持人。不過上了飯桌之後，于美人就會話匣子全開，她對所有食物的典故與烹飪方式都如數家珍！這時大家就會發現她在說話方面的潛力，更相信「美食就是她生命的原動力」！

想著想著，我們終於等到大麵羹的座位了。她一坐定位之後，就立即點了大麵羹、燒肉與炸豆腐。「燒肉與炸豆腐是大麵羹的最好搭檔，就跟我們的友誼一樣！你是燒肉，我是大『麵（面）』羹（→這是雙關語，我二十年後才發現）。」于美人雀躍地說道。

不過我覺得大麵羹是一種詭異的食物，麵條很爛、沒有嚼勁，而且尺寸比一般麵條還粗上兩倍，配上油蔥、蝦米、蔥段的羹湯似乎又過於濃稠，我覺得這大麵羹的太白粉似乎放太多了！

「我猜你現在正在想這大麵羹爲何會這麼濃稠吧?」立即識破我腦袋想法的于美人開口說道:「你現在腦海中正好浮現出『太白粉』三個字,對不對?」

果然~「美食」不但是于美人生命的原動力,而且也帶給她神奇的魔力。

「其實這大麵羹的濃稠跟太白粉芶芡無關,而是在麵條中加入鹼!因爲當時台灣物資匱乏,所以店家才會在麵條中加入鹼,讓麵糰變得較多。不過加入鹼之後,這麵條又會變得太硬,所以只好煮久一點,大麵羹才會變得如此濃稠!一開始是爲了節省成本,後來卻變成非常有特色的台中美食……。」于美人滔滔不絕地說著。

聽了于美人非常有感情的故事之後,我突然覺得大麵羹好吃了起來。我從不懷疑她具有讓任何食物「昇華」的魔力,但我還是不免好奇地問她:「難不成妳每吃一樣食物之前,都會事先研究這個食物的故事嗎?而且還投入如此多的感情?」

「不然呢?」

這就是于美人當初給我的答案。光這三個字,就已經代表千言萬語,已經可以爲《于美人幸福好食光》這本書下了最好的註腳。我想世界上很少有人能夠像于美人一樣,對美食擁有如此深的感情與熱情,因爲她不但會在台灣各地吃透透,而且更會在全世界吃透透。

最重要的是于美人不是一位單純的美食家，她不光是會吃而已、她本身的廚藝也是非常了得，而且還深具實驗精神。閒暇無事的時候，她就會花心思研究各式各樣好吃又好作的懶人版菜餚。

美食串起美人生命中的每一刻，于美人從美食獲得了生命力與魔力，她用美食來撫慰人心、來光耀這個世界！所以我誠摯推薦于美人這本《于美人幸福好食光》，這是一本罕見的美食書，您可以分享到于美人的精彩美食故事，從這些有趣的故事中獲得無限的生命力與魔力！

目錄

主廚于美人的特推・賞味菜單

美味開胃序幕

自序　美食當前，虛位以待　003
他序　美人夜未眠　閻驊　006

暖暖回憶懷舊料理

有如天堂的美食儀式　017
巧克力好苦　020
大爺魚　025
除夕夜的金元寶　030
朱老爹的八寶鴨　033

笑出魚尾紋的美食 038
肉圓的故事 042

好吃更好聽的餐桌故事

你會一個人吃飯嗎？ 049
嘴巴甜，飯就好吃！ 053
我的早餐會 056
英法早餐 060
大紅燈籠茶藝館 064
醋飯傳奇 070
史上最強減肥餐 076
椒鹽龍蝨vs.龍虎鬥 079

美味一級棒的好學DIY料理

巧克力好辣 085
潰不成軍的餿水獅子頭 089
自信滿滿的內衣獅子頭 093

揚威異邦的乾杯獅子頭 098
依子老師的化學烹飪課 102
美味百分百的「心」料理 108
我的味自慢 113

美食也能吃出生命力

最佳情傷療癒美食 121
美少女的最後晚餐（上） 126
美少女的最後晚餐（中） 132
美少女的最後晚餐（下） 136

媽媽愛很大　歡樂親子餐

太上老君滷牛腱 143
牛肉的生命教育 148
媽媽的營養愛心便當 153
芝麻糊的故事 157
紅葉蛋糕與楓葉蛋糕 161
棗點做好事蛋糕 166

料理東西軍之——東方精選美食

蘭州牛肉麵，感恩啦！ 173
沙漠狂喜奶茶 178
吮指回味的沙家羊肉 184
六味豆腐（上） 189
六味豆腐（下） 193
炸物天王（上） 198
炸物天王（下） 202

料理東西軍之——西式頂尖料理

充滿力量的薯條 209
他心通餐廳 214
料理鐵人的教誨 218
食神教我的這一課 224

暖暖回憶懷舊料理

在你心中，有沒有一道菜能夠喚起你過往的回憶？
感人的、有趣的、想念的……
這些回憶將隨著一道道懷料理鮮明起來。

有如天堂的美食儀式

在我就讀小學、爺爺過世之前，我的家人有著一種連續六年、永遠固定的台北市小旅行。爺爺會選擇在每年的某一天，帶著我們兄妹三人去台北車站、中華路一帶走走晃晃。在那六年中，我們走的路線、吃的美食、看的風景幾乎是完全一樣。不過我們從不抱怨這個固定行程是千遍一律的老梗，對我而言，這是一個有如天堂的美食儀式，永遠無法抹滅的甜美記憶。

我們祖孫四人的第一站就是台北車站，然後走到新公園。不過台北車站與新公園只是每年行禮如儀的必經路線，我們的目的地永遠都是中華商場。

中華商場對當時的我們而言，是一個異常雄偉的偉大建築物！雖然它不高、只有三層樓而已，但是它有八棟，分別以「忠孝仁愛信義和平」由北至南排序。中華商場是我們望之彌高、充滿敬意的花花世界，所以我們每次都要從第一棟（忠棟）一路逛到最後一棟

（平棟）才過癮！

中華商場每一棟建築物上方都有著雄偉的碩大霓虹燈，每棟建築物之間都有天橋相連。我們站在天橋上看著火車與汽車穿越腳下，看著來來往往、花花綠綠的人群，我們就會覺得異常興奮，覺得好像在夢裡！

我們朝聖之旅的最精華處就是中華商場信棟與義棟，站在這裡的天橋可以看到有如風景明信片的西門町牌樓，看到美侖美奐的電影海報。但是這並不是重點！重點是信棟有「小美冰淇淋」、義棟有「點心世界」，這兩家名店遙遙相對著。

「點心世界」是我們祖孫四人的美食儀式歸宿，在我的潛意識裡頭，沒有任何一家餐廳可以比得上中華商場義棟的「點心世界」。

「點心世界」是一個長條型建築物，店裡十分乾淨，爺爺跟我說：「這就叫作『窗明几淨』！」點心世界的冷氣很冷，挑高的天花板上還掛著漂亮的大吊扇。

「點心世界」的桌椅眞的是堪稱藝術品！桌椅都是木頭做的，而且還有漂亮的紋理，而且店家還把桌子用45度的奇怪角度擺放，這也成爲「點心世界」最經典的景觀！之後的三十年，我只要看到有人家裡用這種角度擺放桌椅，我的腦海自然而然就會浮現出「點心世界」的畫面來。

「點心世界」的鍋貼特別大，算是鍋貼裡頭的巨無霸。金黃色微焦的外皮特別吸引我們，當時我就把這種色彩稱爲「好吃的顏色」，我很想把這「好吃的顏色」穿在身上。至於這鍋貼的內餡也不用多說，滑潤順口的豬後腿肉加上鮮翠的韭黃，與那神奇的鮮美湯汁，眞的是童年的我所吃過的最好滋味！

「點心世界」的招牌酸辣湯也是一絕！別人的酸辣湯是用豆腐來煮，而點心世界的酸辣湯卻是用順口的豆腐腦搭配雞血與冬粉襯底，那種滋味實在是非常特別。所以從小就愛爲萬事萬物下註解的我，就把「點心世界」的招牌酸辣湯稱爲「有腦（豆腐腦）的酸辣湯」，至於其他沒放豆腐腦的酸辣湯就稱不上是酸辣湯，如果連腦都沒有，哪裡可能會好喝呢？

吃完鍋貼與酸辣湯之後，最後就是以透心涼的冰豆漿劃下完美的句點，然後結束這趟行程。

最後我想告訴在天堂的爺爺一句話，其實我每次來「點心世界」都沒有吃飽過，我的食量遠比您所想像還要大！不過我還是要感謝您，感謝您每年都要安排這趟行程，雖然這行程每年都一樣，但是在我心目中，這是一個難以忘懷的的美食儀式，那就是天堂！

巧克力好苦

小時候，我的四阿姨在某位有錢人家幫傭，我們姊妹倆沒事就會去濟南路找四阿姨，有時幫她做做家事，有時則會碰碰運氣、看看能不能吃到好吃的東西。

這個有錢人家是上海人，爲人隨和又慷慨，他們家裡似乎一年四季都有麻將牌局，而且不管是主人贏或是客人贏，大部分時間都會有人打賞，於是我們姊妹倆就有機會吃到平常從未想過的好東西。甚至有時候主人在牌桌上大勝，還會讓我們帶些好食物回家，分享給全家人一起吃。

這位上海人家喜歡吃火鍋。不過，那時候並沒有冷凍火鍋料可以選擇，所以每項火鍋料都必須自製。而且這家人非常喜歡吃蛋餃，所以我們都必須幫著四阿姨一起做蛋餃。製作蛋餃的過程十分有趣，每個蛋餃都像小小的藝術品一樣。

我們看著四阿姨小心翼翼地用圓型湯勺在爐上煎出約八公分的蛋皮，然後看著她用非常熟練的手法把香味四溢的肉餡放在蛋皮上，俐落地用筷子把蛋皮闔上，這樣就大功告成了！

寫到這裡，我突然發現我們根本都沒有幫上四阿姨什麼忙，我們頂多只是在旁邊當啦啦隊，大喊「阿姨好厲害」罷了。

那時除了幫忙做蛋餃，我與妹妹也有機會吃到形狀不好看的蛋餃，這個四阿姨牌的手工蛋餃滋味眞是不錯！尤其是放在火鍋裡跟著老母雞高湯一起煮之後，更是人間美味！

除了蛋餃之外，我們姊妹倆正好被派去擦拭老闆的書房，這時我們盯上了書架上的玻璃瓶，瓶裡頭裝著如同方糖一樣四四方方的咖啡色小磚，我們斷定這個漂亮玻璃瓶裡頭裝的就是「傳說中的巧克力」。

當時我們曾經聽過鄰居小朋友描述巧克力的美味，不過我們這種窮人家小孩，連巧克力長什麼樣子都不知道，我們只知道巧克力的顏色跟泥巴差不多，味道是甜的，而且它是一種很尊貴的食物，所以一定會裝在非常漂亮的瓶子裡頭。

我們姊妹倆每次來幫四阿姨的忙，就會賊頭賊腦地盯著那個玻璃瓶。我心想：「這個玻璃瓶這麼漂亮，裡頭鐵定裝的就是那傳說中的巧克力！」直到第四次來找四阿姨，我趁著四下無人，偷偷把玻璃瓶打開，迎面而來的果然就是香香甜甜的味道。不過我們只能證實那就是「傳說中的巧克力」，還沒有膽量把巧克力拿出來吃。

從那次過後，我們姊妹倆就對玻璃瓶裡頭的巧克力朝思暮想，每次要去找四阿姨之前，我們就會賊心四起地對自己喊話：「今天，我一定要吃到傳說中的巧克力！」

一直到了第八次，我們終於吃了熊心豹子膽，決定放手一搏。我身手俐落地搬了小板凳，用最快的速度從櫥櫃拿出玻璃瓶，然後從裡頭拿出兩份巧克力，再迅速地將現場恢復原狀，就像一切事情都沒發生一樣。

我偷拿了巧克力之後，我們姊妹倆就像個小老鼠一樣竄到了樓梯間的陰暗角落，準備享受這傳說中的巧克力。

我們享用巧克力的儀式是神聖的。我把另外一個巧克力拿給妹妹，湊著她的耳朵、小聲地跟她說：「我數到三，我們一起來嚐巧克力吧！」妹妹掩不住滿心歡喜，遮住嘴巴小聲地答應我。

「一、二、三、吃巧克力囉！」我用幾乎聽不到的聲音小小地喊著。然後我們姊妹在同一時間咬下巧克力，接著眼淚同時從眼角流下……

我們的眼淚並不是興奮、更不是感動！因爲我千辛萬苦偷來的「傳說中的巧克力」根本就不是巧克力，而是抽煙斗用的煙磚。

「哇！巧克力好苦！」妹妹當場嚎啕大哭了起來。我用手遮住她的嘴，免得事跡敗露。不過我的舌頭也被苦澀的煙磚嗆到麻痺，直到現在，我還是記得那種味道，留下永難抹滅的「巧克力好苦」深刻印象。

大爺魚

大爺是我爺爺在山東老家的長工，跟隨著爺爺來到了台灣。四十幾年前，當我父親過世之後，大爺就扛起照顧我們全家的責任。他在我家的腳踏車店裡幫忙，負責照顧我年邁的爺爺和我們全家。

在政府開放大陸返鄉探親時，大爺並未跟隨著爺爺返鄉探親，因爲他知道他在山東已經沒有家人，而他眞正的家人就在台灣、就在永和，就是我們全家人。自從我爺爺過世之後，大爺在我們兄妹的眼中，就如同我的親爺爺一樣。

我爺爺與大爺都算是美食家，他們的廚藝都很了不得，不過我爺爺很少下廚，他算是動口不動手的美食家。大爺則正好相反，他不愛講話，只喜歡在廚房裡默默地幹活，所以他應該是動手不動口的美食家。而受到爺爺與大爺雙重薰陶的我，則是成了一位動口也動手的全方位美食家。

我爺爺有個怪癖，他不敢吃魚，所以這輩子堅持不吃魚，雖然他可以接受蝦、蟹、貝殼之類的海鮮，但是他寧願餓死、也不願意吃魚。而且他不吃魚也就罷了，他甚至不願意正眼看魚，也不願意聞到魚的味道。

至於爺爺為何不吃魚？我家沒有任何人知道答案，這已經是一個不可考的千古之謎。因為爺爺不吃魚，所以我家的餐桌上向來不會出現魚。但是我爺爺後來覺得這樣似乎太霸道，自己不吃魚就算了，為何還要連累全家人都不能吃魚呢？於是他只好破例，讓我們吃魚。只不過別逼他正眼看魚，我們挾魚肉的時候也必須把筷子反轉、用另外一頭來挾，而且絕對不能讓魚的味道沾在其他食物上，不然我爺爺可是會狠狠瞪著你，然後他再也不會碰沾有魚味的那道菜。

在爺爺的通融下，我終於第一次吃到魚，我還記得那是條白帶魚。因為家裡沒有人知道白帶魚要怎麼料理，所以這個重責大任自然就交給大爺來負責。

大爺把白帶魚抹鹽醃過，然後裹上非常多的麵糊。大爺說：「這麵糊可以讓魚變得更大一點！那麼我們就可以多吃一點魚！」之後，再把白帶魚兩面煎黃，然後擺在蒸籠裡蒸熟。蒸熟之後，沾白醋來吃，這味道非常下飯，是我心目中最棒的魚類料理。

不過我發現一般人好像都不會用這種方式來料理白帶魚，所以這算是大爺的獨門料理，而我們家也從此把白帶魚稱爲「大爺魚」。「大爺魚」成了我家最常出現的魚肉料理。

至於大爺自己喜不喜歡吃這道「大爺魚」呢？其實我也不清楚！我猜他也許喜歡吃這味吧？因爲我們每次看到他吃「大爺魚」的表情都是充滿著喜悅。但是這邏輯似乎也不通！因爲大爺總是用感恩的心情來吃每一餐飯，我們從未看過他愁眉苦臉吃飯的模樣，所以我也不能斷定「大爺魚」是不是大爺的最愛？

我發現紅燒肉也是大爺喜歡烹調的料理，難不成紅燒肉才是大爺的眞正最愛嗎？於是我某天就問大爺：「您最喜歡吃什麼食物呢？」大爺倒也沒正面答覆，他只是慈祥地說：「只要跟你們一起吃的食物，個個都是美食！我都喜歡吃。」從此之後，我就再沒有追問過大爺最愛的美食了。

後來大爺罹患了心肌梗塞，住進了加護病房，而且還裝上了心臟支架與心律調節器，除了醫生允許他吃的食物之外，他再也不能吃大爺魚或是紅燒肉了。我問榮總醫生：「大爺現在還能吃些什麼？」醫生說他目前大概只能喝雞精了。所以我決定要做一碗充滿感恩之情的濃郁雞精送去加護病房，代表我對大爺照顧我四十年的深深感謝。

那時我正好在八大電視台主持一個烹飪節目，那天節目介紹的料理是元氣雞湯與棒棒雞。工作人員爲我準備了一個瑞士KUHN RIKON快鍋，這是一個號稱絕對不流失任何養分的神奇快鍋，於是我突然興起用快鍋來熬製雞精的念頭。

我半信半疑地放了一隻土雞在快鍋裡，沒有放任何的調味料，甚至連半滴水都沒有放。四十分鐘過後，我從快鍋裡頭倒出了三碗雞精。我依舊抱持著存疑的態度試喝了幾口，老實說，喝下雞精的瞬間，我眞的嚇到了！那時從我內心深處，突然冒出了一句平常不存在於我詞彙的標題：「感動的失重感。」我眞的不知道腦海裡爲何會浮現這六個字？但是它的確能描述我喝下雞精時的心情。

那碗雞精散發著濃郁的香味！一飲入喉，我可以感受到不知道從何冒出的甜味與鹹味。奇怪？我不是沒放任何調味料嗎？這令我感動萬分的味道究竟是從何而來的呢？

這四十分鐘熬製出來的雞精讓我想到照顧我四十年的大爺，我腦海中都是大爺的畫面，包括大爺的白帶魚、大爺的紅燒肉，大爺的慈祥笑容、大爺說的那句：「只要跟你們一起吃的食物，個個都是美食！我都喜歡吃。」

我喝著、想著，百感交集地哭了起來。此時攝影棚立即陷入一片混亂，所有工作人員都不知道到底出了什麼事情？因爲這是我進入電視圈十幾年來首次停棚，我只要一想到還住在加護病房的大爺，我就沒有心情繼續錄影。

在大爺人生最後的半年，他已經無法言語，除了醫生交代的簡單食物之外，他也不能吃任何食物，甚至連我爲他熬製的雞精，他都無緣喝到。

不過由於全家人都陪伴在他身邊，所以我相信大爺知道我們全家都愛他，我也相信他的那句老話：「只要跟家人一起吃的食物，個個都是美食！」

除夕夜的金元寶

十幾年前，我剛開始在廣播電台主持節目。那時我有位主持人朋友，叫做林美娜。在小年夜那天，我特地邀請她來我家吃年夜飯，她非常爽快地答應我的邀約。

除夕當晚六點，美娜還沒接到我打來的電話，開始覺得奇怪：「怎麼會有人家的年夜飯開動得這麼晚？莫非我被耍了？」

等到晚上七點，她終於耐不住性子打電話來問我。這時我才恍然大悟地發現，我定義中的年夜飯跟一般人都不同，于家版本的年夜飯都是晚上十一點半才開動。

從我有記憶以來，我家對於「年夜飯」的定義就跟大部分人家不同。別人的年夜飯指的就是除夕當晚的豐盛晚餐，而我家的除夕夜晚餐跟平常沒兩樣，眞正的「年夜飯」是入夜之前的水餃。

因爲水餃的形狀很像金元寶，在新年吃水餃象徵可以爲來年累積財富，所以在除夕夜，我們一定要把水餃改稱爲大吉大利的「金元寶」！

我家的金元寶有很多規矩。首先，金元寶必須是現包現吃，所以在每年除夕晚上十點半，我們家小孩就要在睡夢中被挖起來包水餃。

除夕夜的金元寶跟我家平常包的水餃不同！因爲這水餃的內餡是韭黃黑豬肉，是我家只有逢年過節才能吃得到的好料。

在煮金元寶的同時，我們全家也會同時進行非常歡樂的吉祥話接龍，不過講話聲音不能太大聲，不然會嚇跑財神爺。如果金元寶不小心煮破了，也不能說破了，要面帶微笑地說：「掙了～掙了～」

每年爺爺都會在將近一百五十個金元寶裡頭包入四十枚熱水煮過的一元銅板，誰能吃到這枚代表「『一元』復始、萬象更新」的一元銅板，就代表未來一年運氣會特別好！其實吃到金元寶的機率並不算太低，但是還是要碰碰運氣。聽說其他人家會在每一個金元寶裡頭放入銅板，以求所有人「通通有獎」！不過我爺爺並不吃這套，他堅持金元寶的中獎率只有二十五％左右，想要運氣好，想要多吃到幾枚銅板，那就多吃一點吧！「要怎麼收穫、先怎麼栽！」

某年除夕，我抱定決心要多吃幾枚銅板，於是我卯足全力狂吃金元寶。由於除夕夜當天的金元寶比平常的水餃還要大顆，這種Size根本吃不了幾顆，肚皮就已經撐飽。但是，爲了要來年運氣好，所以我眞的不顧一切拚了！

不過這年的運氣實在太背，我連吃了十六顆金元寶後，居然連半枚銅板都沒吃到，於是爺爺跟我使了個眼色、偷偷幫我挑出了有銅板的金元寶，才讓我結束這場苦難。

如今，爺爺已經離開人世快二十年，現在我家的年夜飯也改成跟大家一樣的豐盛晚餐，但是我還是堅持除夕夜一定要吃金元寶的傳統，因爲這是一種美味的傳承，我會一代接著一代傳下去。

這幾年，我爲金元寶增添了一個新創意，當金元寶煮好置入盤中時，我會在金元寶上頭放上食用性金箔紙，讓金元寶成爲不折不扣、名副其實的金元寶，吃起來心裡更歡喜、更開心唷！

朱老爹的八寶鴨

不知道您會不會有著跟我一樣的感覺？午夜夢迴時，會經常擔心自己喜歡吃的餐廳突然歇業、喜歡的美味突然消失、尤其是擔心老一輩廚師們的道地好手藝隨著他們年華老去而逐漸凋零失傳，從此在這世界上消失！

這種感覺就好像麥克阿瑟將軍的告別演說：「老兵不死、只是逐漸凋零」，讓人感到嘆息。好餐廳的歇業與好手藝的失傳往往會讓我悵然若失，因爲那代表我人生某塊拼圖就此消失不見，我的人生再也不是完整的！

十幾年前因爲陶藝家——戴竹谿老師的介紹，我認識了一位非常棒的廚師——朱家樂先生，大家都稱他爲「朱老爹」。後來才知道美食家——胡天蘭小姐也常來光臨，從此之後我們這些朋友就成爲固定班底。

朱老爹在台北市八德路二段附近開了一家「涎香小館」，這店並不大，而且廚師只有他一人，不過卻是不可多得的好餐廳。

朱老爹是廣東順德人，順德是中國美食家的最愛，所以有句名言說：「離開順德就沒有好吃的！」據說每位順德人都燒得一手好菜，而朱老爹更是台灣順德菜界的箇中翹楚。

「涎香小館」的口味實在一流，每道菜都可以吃得出朱老爹的用心，而且價格也是經濟實惠。裡頭的好菜不少，不過我最喜歡梅汁蒸排骨、吉利炸豬排、鹹魚蒸肉餅與八寶鴨這四樣菜。

梅汁蒸排骨的梅汁是朱老爹自己釀的，他用酸酸甜甜的自釀梅汁引出排骨新鮮的甜味，讓人回味無窮。吉利炸豬排則是「涎香小館」菜單上沒有的「隱形料理」，這道菜之所以隱形、倒不是朱老爹想要藏私，而是因爲朱老爹一定要挑到令他滿意的大排肉，他才願意推出吉利炸豬排。

由於讓他滿意的大排肉非常「大牌」，可遇不可求，所以朱老爹會打電話通知熟客來店享用吉利炸豬排。

不過，讓我作夢也會夢到的「涎香小館」頂級好菜則是——八寶鴨。

或許鴨眞的跟我有仇，我向來都喜歡吃鴨。尤其朱老爹的八寶鴨更是我心目中的「鴨

中之霸」！（該稱它爲「鴨霸」嗎？）

朱老爹的八寶鴨是一道裡外兼修、極有內涵，而且一定要事先預訂才能吃得到的功夫好菜。它的烹調方式非常繁複，必須先醃再炸，最後再蒸，整個過程需要十幾個小時之久！

至於八寶鴨的味道更是妙不可言。鴨肉汁多味美、入口即化！內餡（糯米、蓮子、蛋黃等八種餡料）充分融合於鴨肉其中。這鴨肉不柴不澀、有滋有味，整體口味則是「鹹中帶甜、甜中帶鮮；有香有糯、有脆有鮮。」

朱老爹可不只是默默做菜的大廚師，他也很樂意教別人做菜。他會從如何挑選好食材的基礎訣竅開始講起，然後一路鉅細靡遺地讓您認識廣東菜的奧妙。偶爾也會透露幾個像「燒魚不能加水」的小撇步，讓我們不但可以吃到好菜，也長了見聞。

後來朱老爹不幸罹患了肺癌，他自己知道來日無多，所以決定要把「涎香小館」收掉。當店要收的前夕，我們一群人齊聚「涎香小館」，希望朱老爺可以再爲我們做一次八寶鴨。

朱老爹見盛情難卻，於是欣然同意爲我們再做一道八寶鴨。朱老爹這最後的八寶鴨滋味跟往常一樣好，但是我們卻吃得非常辛苦！因爲我們每吃一口都要提醒自己一次：「這八寶鴨的好味道要牢牢記住！」深怕一個沒記著，就會後悔一輩子。

吃完朱老爹爲我們做的「最後的八寶鴨」後不久，他就離開了人世了。我們一群朋友決定去基隆參加朱老爹的葬禮，對他老人家致上最高敬意。

在葬禮那天，我看著朱老爹的遺照，雙手合十，衷心地感謝他：「謝謝您！朱老爹，謝謝您曾經帶給我這麼好的味覺享受！在我有生之年，我一定會把『八寶鴨』的好味道擱在心上，永遠也不會忘記！」

笑出魚尾紋的美食

某天我參加一個朋友的飯局，飯局上有位美女，她看起來比我年輕很多，不過聽說她年齡大我將近十歲。她的皮膚水嫩細白，臉上絲毫看不出任何皺紋，甚至連女人大敵、無所遁形的魚尾紋都沒有！

她的美貌實在讓我非常氣餒。雖然我知道消除魚尾紋的方法有很多，但是讓魚尾紋「重現江湖」的方法只有一種：就是讓她大笑。不過這位美女可是不苟言笑，在場賓客所講的任何笑話似乎都無法讓她笑出魚尾紋。

當時我們正在聊美食，而且話題鎖定在台灣美食初體驗。我知道要聊出令人笑出魚尾紋的美食經驗實在不容易，不過我卻突然想到了我的肉圓故事，於是就隨口說了出來。

「我最喜歡的台灣美食是肉圓，自從我有記憶以來，我就知道肉圓的存在，也聽到很多人說肉圓非常好吃。但是我在二十歲的時候才終於鼓起勇氣，第一次吃肉圓。哇！那可眞是人間美味，我眞的非常怨恨自己爲何會掙扎了十幾年才敢吃肉圓呢？」我緩緩說出我與肉圓的初次邂逅。

這位連魚尾紋都沒有的美女似乎對我的肉圓經驗很有興趣！她自問自答地問我：「爲何妳經過十幾年才敢吃肉圓呢？莫非是因爲不敢吃香菜嗎？我聽過很多人害怕香菜的味道。不過就算妳不敢吃香菜，妳也可以要求老闆不要在肉圓上頭放香菜啊？」

「不！我一向喜歡香菜的味道。只不過呆呆笨笨的我一直以爲肉圓是浮在油上的圓型大肥肉！所以我才不敢吃肉圓。我當時一直想不透爲何這麼多人會愛吃這麼大塊的肥肉，而且他們不但不覺得油膩、還直說好吃呢？」我輕描淡寫地講著童年的阿呆事蹟。

「圓型大肥肉？圓型大肥肉！」這位美女無意識地反覆重複我的話，然後就如同炸彈開花地大笑了出來。就在那瞬間，她的魚尾紋突然出現了！而且從此再也沒有消失。這時我內心暗自竊喜：「嘿嘿~魚尾紋終於現身了吧！肉圓果然是我的吉祥食物呢！」

不過這位魚尾紋美女破功之後，大家忙著問我有關肉圓的事情。有人認眞地發問：「就算妳以爲肉圓是圓型大肥肉，但是妳小時候總會看到有人把肉圓咬開，露出裡頭豐富的內餡吧？肉圓的內餡不會讓妳心動嗎？」

「所以我說這是千古懸案啊！因為當初我認定肉圓就是圓型大肥肉，我根本不敢直視別人咬開肉圓的情景。就算我不小心看到別人吃肉圓的模樣，我也會覺得非常噁心！就算內餡很豐富、那又如何呢？畢竟這些內餡都包在一塊可怕的圓型大肥肉裡頭啊！」我也非常認真地回答問題。

結果這位魚尾紋美女笑得更是一發不可收拾，此時我真想仿效我的名字——于美人來幫她取個外號——魚尾人。

不過說著說著，我想到好多朋友的故事。我有位朋友不敢喝鹹豆漿，因為她潛意識裡把鹹豆漿與嘔吐物畫上等號，久而久之，她甚至連豆漿店都不敢踏入半步。

至於我另外一位好朋友：閻驊，他也有一種獨一無二的怪病，那應該算是台灣醫學史的首例吧？他不敢吃長得像麵條的任何食物，所以我把他的怪病稱為「條狀物強迫症」。

我也不知道他到底聯想到了什麼可怕的東西？總之，從某一天開始，他就再也不能吃任何條狀物（麵條、麵線、粉絲、米苔目），就算他勉強自己吃一碗麵，也會在還沒下嚥之前就狂吐不已。

截至這篇文章完成之前，他的「條狀物強迫症」還是尚未完全痊癒，不過他現在已經可以吃米粉了。

但是爲何不能吃麵條，而能吃同樣是條狀物的米粉，跟我撐了十幾年才敢吃肉圓一樣，至今仍是一個不解之謎。

肉圓的故事

前一篇文章提到我小時候曾經誤以爲肉圓是浮在油上的圓型大肥肉，所以撐了十幾年，才總算品嚐到肉圓的美味。因此，這篇文章算是特別寫來跟肉圓致歉與致敬的，因爲在我的眼裡，肉圓眞的是台灣無可取代的獨特美味！

在跟肉圓致敬之前，我先要談一部介紹美食的電影——《料理鼠王》（Ratatouille）。這是一部皮克斯動畫工作室製作的動畫片，我兩個寶貝兒女都非常喜歡這部電影。

這部電影是講一隻想要做法國料理名廚的老鼠力爭上游，最終完成夢想的故事。因爲人類鐵定聽不懂老鼠在講些什麼，所以導演特別安排了許多合情合理的有趣橋段來交代人與鼠之間的溝通方式。

雖然《料理鼠王》整部電影總共介紹了將近三百種食材，不過壓軸的重頭戲卻是一道再尋常不過的法國家常菜——Ratatouille普羅旺斯燉菜，也是《料理鼠王》的英文片名。

普羅旺斯燉菜是法國東南部農民的家常菜。原本它只是農民把當地現採的蔬菜煮成一鍋的即興料理，不過經過改良之後，現在已經成爲一道非常有學問的法國名菜。

普羅旺斯燉菜是一道代表普羅旺斯夏日風情的名菜，菜裡有黃橘交錯的甜椒、清脆鮮綠的節瓜、貴氣逼人的紫色圓茄、豔紅如火的番茄，加上純白無瑕的白洋蔥，然後再配上「托斯卡尼豔陽下」的橄欖油，與經典名曲——史城博覽會（Scarborough Fair）歌詞所出現的全部香料（迷迭香、百里香、巴西利）。因爲以上食材與佐料的個性都不同，所以廚師必須要依照眾多食材的不同個性來分開烹調、因材施教，如此才能成就一道上好的普羅旺斯燉菜！

我曾經有機會在普羅旺斯當地吃過普羅旺斯燉菜，那可眞是不可多得的人間美味啊！當時《料理鼠王》尚未上映，不然我一定吃得更開心。

不過我看完電影之後，突然想到一個有趣的問題，如果《料理鼠王》有台灣版的話，那麼該用什麼樣的食物來取代Ratatouille呢？於是我第一個念頭就是肉圓，我覺得台灣肉圓（Taiwan Meatball）眞的是最能代表台灣的獨特料理。

台灣肉圓的確是獨樹一幟的台灣原創小吃，至今已有一百一十一年歷史。據說台灣肉圓之父是彰化北斗人——范萬居先生。光緒二十四年（一八九八年），台灣中部地區曾經發生戊戌大水災，災後居民沒東西吃，只好以樹薯搗成粉和糖吃，當時在廟宇裡擔任文筆生（類似駐廟作家）的范萬居於是突發奇想，把地瓜曬乾，磨成粉後揉成團狀，再煮熟給災民食用。後來又經過改良，加入豬肉、筍子等配料，大膽採用油炸的方式，最後開枝散葉，成就了台灣一百年最最經典的庶民小吃。

台灣肉圓目前共有北斗肉圓、彰化肉圓、新竹肉圓、台南肉圓、高雄肉圓、屏東肉圓、紅糟肉圓、台東肉圓等八大主流。這些肉圓不但名稱不同、大小個頭也不一樣，甚至連形狀也不同（北斗肉圓是三角型）。不過最重要的差異在於烹調方式的不同，因爲彰化以北的肉圓多半是油炸，而彰化以南則是用清蒸的方式來調理肉圓。光從這八大主流不同的肉圓，就可以充分顯現出台灣「百家爭鳴」的豐富文化內涵。

雖然這八大主流肉圓各有擅長，不過如果要拍成《料理鼠王》之類的電影，肉圓必須要具有一些特別的門道才是。因此，我與某位也是肉圓忠誠愛好者的朋友非常認眞地規劃出我們心目中的「台灣夢幻肉圓」成份。

首先，這個夢幻肉圓的外皮必須採用在清明時節收成、來自於台南善化的甘薯粉，加上台灣本土品種的優質在來米。至於裡頭的肉餡則得用肉質甘甜、脂肪分布均勻、口感滑嫩、咬勁佳，並且經由行政院農委會「產銷履歷認證」的正港台灣黑豬肉。

當然，肉圓裡頭除了豬肉之外的其他配料也是有學問的唷！或許這肉圓裡頭還要加入台中大坑的麻竹筍，搭配一朵來自南投埔里與日月潭一帶的頂級香菇，讓肉圓內餡風味更上一層樓！至於佐料，我們則會採用屏東竹田資深釀造人：李安田先生所釀造的「豆油伯純釀缸底醬油」加上米醬、蒜末一起熬煮。

以上配方就是我與朋友所擬出的台灣夢幻肉圓配方，僅代表我們對於肉圓的喜愛與敬意。不過我還是要鄭重地跟肉圓說聲抱歉：「請恕我當初年幼無知，居然把肉圓當成圓型大肥肉，失敬失敬，請多包涵！」

好吃更好聽的餐桌故事

一頓好吃的飯菜，有好聽動人的故事一定會更加美味！
8篇生動有趣的餐桌故事，陪伴你的用餐時光，
讓用餐氣氛更活絡、更有話題，有助拉近彼此的感情唷！

你會一個人吃飯嗎？

佛家有一種修行方式，就是希望大家吃飯的時候吃飯，走路的時候走路，睡覺的時候睡覺。我大概可以完成其中兩項，因爲我可以好好走路，絕對不會不長眼睛，亂走一通；另外，我睡覺也算規律，多半都是早睡早起、一夜無夢，絕對不會胡思亂想。

不過我就是沒辦法好好專心吃飯，因爲我吃飯時一定要談天說地，講很多話，而且我始終無法忍受自己一個人吃飯。

我多害怕一個人吃飯的感覺啊！從我有記憶以來，我就不能忍受自己一個人吃飯。就算因爲工作所需，要在休息室裡頭吃便當，我也一定會賴著電視台的工作人員陪著我一起吃。甚至在我以前主持的烹飪節目中，強迫製作單位要額外增加一個「飯友團」的單元，因爲我又不是「料理東西軍」的落敗廚師，爲何要讓我在節目裡頭公開一個人吃飯呢？

我就是異常厭惡一個人吃飯的感覺！我一直認爲一個人吃飯是全天下最寂寞的事情！

所以我在餐廳遇到落單吃飯的客人，我還會跑過去搭訕，或是直接了當地問他們：「你怎麼可以忍受一個人吃飯的孤寂感呢？」

從小因爲爺爺、媽媽、大爺的薰陶，所以我一直把飲食跟分享畫上等號。我非常珍惜全家人聚在一張餐桌吃飯的氛圍，那是我生命中最重要的「儀式」！不管食物多寒酸，只要大家圍在餐桌上一起吃，什麼食物也就立刻好吃了起來！

雖然大家都說麻將桌上可以看到人的個性，不過我堅持不學習打麻將，因爲我不怎麼想要看穿人的個性，尤其是看到人在牌桌上不好的那一面。我只想跟大家一起吃飯，因爲我覺得在餐桌上可以看到人好的那一面、人最自然的那一面。

如果這餐的食物很棒，那麼我可以看到大家吃到美食時眞情流露的快樂，這也讓我非常快樂！就算食物並不怎麼樣，但就是因爲有人陪你吃飯、陪你說話，所以心情自然也會快樂起來。

況且活在全世界飲食最多元化的台灣，您更不應該一個人吃飯！您應該多找人陪伴您吃遍大江南北、嚐遍異國風味，在享受美食的同時，您也可以看到人性最美好的一面！就算不去餐廳吃飯，您在家裡也應該要經常開伙，追求全家人一起吃飯的感覺。

我有許多朋友因爲不擅烹飪，所以家裡從不開伙、大家都各吃各的。久而久之，整個家庭的氣氛就變得冰冷、家庭成員都不太說話。但是自從老婆去學習烹飪，開始做晚飯之後，整個家庭的和樂氣氛就回來了，大家都非常珍惜每天的晚餐時光。

從我開始爲人母之後，我也一直希望我的小孩在成長過程中可以吃到媽媽做的菜、聽媽媽在餐桌上說故事，我希望他們可以跟我一樣珍惜與大家一同吃飯的幸福感覺。

我的孩子也沒讓我失望，他們很愛吃我做的菜、也喜歡聽我在餐桌上講的故事。而且他們還養成很棒的餐桌禮儀習慣，每回吃飽飯後，就會自然而然地說：「我吃飽了，大家請慢用！」然後自己把碗放到水槽中。

我希望我的孩子們長大之後也能跟我一樣，從與大家一起吃飯這件事情中，看到人的眞、善、美。或許他們不必具備洞察人性的本領，因爲我覺得只要能夠在餐桌上發現到人性最好的那一面就已足矣！

嘴巴甜，飯就好吃！

公共電視台有一個很棒的電視節目叫做「誰來晚餐」。這是一個半紀錄片式的節目。製作單位會深入探訪一個家庭整天的生活及工作內容，並且根據家庭成員最希望邀請到的「夢幻名單」，挑選一位特別來賓到這個家庭中與他們共進晚餐。

我很喜歡「誰來晚餐」的節目創意，因爲我始終認爲大家一起在餐桌上吃飯是世界上最美好的事情！所以我很榮幸自己能夠有機會參與「誰來晚餐」的錄影，因爲台中東勢有位農家把我列入了最希望共進晚餐的名單內。

這是一個三代同堂的家庭，男主人叫做Ｙ智、女主人是月芽子，他們在東勢山上開了一家「摩天嶺──珍柿果園」。因爲堅持自然農法，所以種出來的有機柿子與香島南瓜都是珍品。不但口感香甜綿密，味道也清香濃郁，是附近飯店的最愛！

這家人爲我準備的滿桌豐盛佳餚，眞的是讓我口水直流！其中有他們自己種植的茗菜，還有阿公最拿手的羊肉爐，以及阿嬤的梅乾菜扣肉與白斬雞。

美食當前，我吃得異常開心，但我還有一個小疑問，爲何ㄚ智與月芽子這家人可以相處得如此融洽，絲毫沒有婆媳的問題呢？當然！我知道我一直鼓吹「願意一起吃晚飯的家庭絕對不會有問題」的觀念，但是這觀念僅止於餐桌上，並不包括廚房。

ㄚ智全家人都擅於烹飪，女主人的手藝已經高強無比，阿嬤的廚藝更是不在話下，光是阿嬤那道梅乾菜扣肉，我就只能用「了不起」三個字來形容。但是是人都知道，廚房是女人的戰場，這對婆媳在廚房裡頭究竟要如何分工、不起衝突呢？這是我最想知道的問題。

男主人ㄚ智解答了我的困惑，他說：「我媽可是『無爲而治』，她會讓月芽子無拘無束地盡情揮灑，絕對不會將自己的想法強迫套用在她身上。而且我媽在廚房裡多半只負責稱讚和鼓勵，妳看她多輕鬆啊！」ㄚ智笑著說。

這時我才知道幸福原來可以如此簡單。我原本認爲大家一起在餐桌上吃飯是世界上最美好的事情，沒想到，只要不斷地用稱讚的方式來彼此對待，在廚房裡做菜也會是一件非常美好的事情。

跟這家人一起吃飯的感覺眞的非常快樂！我除了A到阿嬤親手醃曬的梅乾菜之外，我也發現到「嘴巴甜、飯就會好吃！」的道理，我認爲丫智家所有成員說話都很甜，但是這甜度卻恰如其分、非常地自然，就如同他們種植的有機柿子與香島南瓜一樣。他們習慣將彼此的優點都放大來看，缺點的話就輕輕帶過，或是視而不見。難怪我覺得與丫智全家吃的這頓飯會如此地好吃！

丫智一家人讓我想到我的大學同學——冰心。我每次去冰心家作客都是由我負責做菜，她則負責吃。雖然這是一件有點奇怪的安排，不過冰心總是會在我做菜時陪我聊天，然後一直說好香、好吃。冰心的嘴巴甜使得我覺得自己做的菜眞是天下無敵，好吃極了！我想這也可以印證「嘴巴甜，飯就會好吃！」的道理吧！

我的早餐會

爺爺從小就灌輸我「食療」的觀念，所以我家夏天都會用胡瓜煎餅與綠豆湯來食補。但是在我長大懂事之後，我比較習慣把「食療」的觀念轉換成「美食可以療傷止痛，有美食，就有生命力！」所以我到處鼓吹「多吃美食，就會有威力、可以治百病」的歪理，害得不少朋友發胖，眞是不好意思！

後來我漸漸認識一些懂得養生的人，他們一直灌輸我正確的健康飲食觀念：「在對的時間，用對的方法，吃對食物。」

或許這聽起來很繞口，不過這道理非常簡單。想要有健康的身體，飲食就必須配合人體的生理時鐘來攝取。凌晨四點~中午十二點爲排泄時間；中午十二點~晚上八點爲吸收營養時間；晚上八點~凌晨四點爲營養分配時間。用白話地說就是：「早餐吃得好、午餐吃得飽、晚餐吃得少、宵夜別耍寶，不吃最好！」

我想大家最容易搞錯的就是早餐。因爲凌晨四點~中午十二點爲人體的排泄時間，所以這段時間應該要多吃高纖維的蔬菜水果，讓高纖維來幫助消化器官和各細胞組織排除體內多餘的毒素。

由於本書並不是講健康的書，所以有關早餐的健康小常識就講到這裡。接下來跟各位報告我的早餐故事。

拜長年主持晨間廣播節目之賜，我一直都有吃早餐的好習慣，所以身體維持得還算不錯。爲了推廣吃早餐的觀念，加上我想與朋友一起分享吃早餐的美好感覺，於是我邀請了一些姊妹淘定期舉辦早餐會。

原本我想把早餐會的內容設定爲我所喜愛的英式早餐，因爲我腦海中總是浮現出《理性與感性》（Sense And Sensibility）的電影畫面；我把我們這群姊妹淘設定爲道森家的女孩，一邊優雅地吃著英式早餐，一邊暢談生活與愛情，好不愜意！

不過英式早餐實在是太繁瑣了，加上既然早餐會的重點是早上閒聊、而不是早餐，所以早餐還是乾脆簡單一點好了，因此，最後早餐會的菜單就只有「優格藍莓果醬沙拉＋蘿蔓生菜」這一味。

這個原本應該非常優雅的「理性與感性早餐會」只舉辦了一次之後就變質了，因爲我們這群聒噪的女人在早餐會上的唯一話題就是抱怨婚姻生活。大家只要講起另一半，似乎永遠都處於義憤填膺的激憤情緒中，而每次最後的結論總是以「勸離不勸和」收場。

離奇的是，我們這個「勸離不勸和」的早餐會並未拆散任何一對夫妻！因爲大家都知道凌晨四點~中午十二點爲人體的排泄時間，所以我們在早餐會所講的任何結論都不可能算數，將隨著高纖維的蘿蔓生菜一起排泄掉！

不過我們的早餐會還是出現了一位受害者，因爲她是早餐會唯一沒結婚的單身會員。她斬釘截鐵地對我們說：「早餐會對我的最大影響，就是讓我更加確定我的獨身主義！」

英法早餐

西式早餐基本上分爲歐陸早餐與英式早餐兩種，歐陸早餐比較常見，就是簡單的麵包、咖啡或茶，非常地乏味，沒啥好討論的！另一種則是英式早餐；英國的食物通常乏善可陳，但是唯獨早餐揚名天下，號稱是全世界最棒的早餐。

英式早餐的內容的確非常豐盛且有特色，難怪現在台灣冒出這麼多全天候供應英式早餐的餐廳。

通常英式早餐從新鮮柳橙汁揭開序幕，隨後登場的是灑有糖霜的葡萄柚；接著，英式早餐茶與冰牛奶也會隆重地端上桌來。上了滿滿一桌飲料之後，搭配牛奶與新鮮水果的英式燕麥粥就會尾隨而來，不過請您務必控制好飲食節奏，因爲重頭戲尚未登場！

接下來，份量驚人的重頭戲就堂堂現身了！內容大致有蛋（煎蛋或炒蛋）、培根、炸蘑菇、水煮花椰菜、煎肉腸、燻肉。比較讓我印象深刻的則是烤蕃茄、鬆軟綿細的烘黃豆

（Baked beans）以及豬血糕的孿生兄弟——黑布丁（Black pudding）。如果您有機會吃到再講究一點的英式早餐，您還可以吃到煙燻鯡魚，用印度芒果醬、芥末、辣椒醃漬後烤出來的香料羊腰子以及印度蔬菜飯。

當您吃到這裡，感覺已經心滿意足時，您會赫然發現英國人的幽默感，因爲前面這琳瑯滿目的十幾樣菜餚只是配角，主角還在後頭準備，根本還沒現身呢！

英式早餐的主食是烤麵包片，乍看毫不起眼，絲毫沒有擔綱主角的風範，但其實不然。這用牛油煎烤出來、焦黃酥脆的炸麵包片，搭配果醬、奶油之後味道可是好極了呢！所以拚了吧！就讓這烤麵包片作爲英式早餐最完美的句點吧！

不過每個人吃了豐盛無比的英式早餐之後，不免會產生一個疑問。爲何英國美食會全部集中在早餐呢？午餐跟晚餐難道都不在乎嗎？這倒是一個值得深究的謎題，但我可以確定的是，如果您去英國旅遊的時候，三餐都想吃到美食，那麼您唯一的選擇就是三餐都吃英式早餐。

跟英國正好相反的是法國，法國美食冠天下，不過法國美食集中在午餐與晚餐，法式早餐就簡單到近乎貧乏！法國人早餐不吃鹹食，通常隨隨便便來杯咖啡歐蕾外加個可頌麵包夾奶油就輕輕鬆鬆地打發了。通常人們對於法式早餐只有皺眉頭的份，絕對不會有啥好印象！不過我卻吃過一次非常棒的法式早餐。時間是二〇〇五年，地點是陽光絢爛的普羅旺斯。

我們住在一個非常有味道的石造鄉間房屋，一大清早起來，抬頭可見明澈的天空，空氣有如新鮮的冰鎮檸檬水沁入肺裡。不過我心中早已存在著法式早餐難吃無比的偏見，所以整個人顯得很沒有活力。

在漫山遍野的薰衣草山谷散步回來之後，民宿主人已經準備好了早餐。法式早餐的大陣仗的確讓我驚訝！儘管沒有任何鹹食，但是滿桌的新鮮麵包、果醬、蜂蜜，還是讓我印象加分不少！

且讓我介紹一下這桌讓我對於法式早餐印象大逆轉的菜單吧！先說這麵包；麵包有棍子麵包、鄉村麵包、小圓麵包與味道獨特的肉桂蜂蜜麵包。搭配麵包的果醬則有水蜜桃和杏桃兩種口味。這果醬可是大有來頭的，果醬是民宿主人自己做的，連果樹也是他自己種的呢！

不過四種麵包搭配兩種果醬還是稍嫌不足，所以他又爲我們準備了四種口味的蜂蜜，搭配無花果乾、葡萄乾與胡桃。但是重頭戲並不是麵包、果醬與蜂蜜，而是民宿主人自製的優酪乳，那才是眞正的究極美味！

優酪乳香濃鮮醇、細滑如絲的口感與微甜微酸的滋味只能用「銷魂」來形容，我喝著喝著居然就情不自禁講起了法文來：「Je t'aime！（我愛你）。」

法國人通常很愛獻寶，他們只要看您吃得開心，就會額外拿出一些更棒的寶物出來跟您分享。因爲民宿主人看我吃得陶陶然、狂講法文的模樣，他就端出了自製番茄醬來讓我搭配麵包，讓我首次吃到有鹹食的法式早餐。

這小小一瓶的番茄醬眞是不得了，是用十公斤的蕃茄濃縮出來的珍貴寶物，明明成份沒有添加任何辣椒，但是吃起來卻有一股淡淡的幽雅辣味，果眞是天下第一番茄醬！這一頓早餐，也讓我對法式早餐留下了很好的印象。

大紅燈籠茶藝館

我想，每個人心裡在這一生中應該都曾經有過想要自己開餐廳的念頭吧?!尤其當自己的工作不順遂，或者手上正好有一筆閒錢時，人們往往所想到的第一個念頭就是：「算了!乾脆把工作辭掉去開家餐廳（泛指所有跟飲食有關的店）好了!」而我也不例外。

在我二十六歲的時候，那時我已經是一位擁有三、四年資歷，堪稱資深的南陽街國文老師，而且我的存款簿裡頭也開始出現爲數可觀的數字。那段時間，正好我的教學生涯遇上了瓶頸，沒那麼順遂，所以我的內心深處就興起了想要開餐廳的念頭。

不過在我下定決心要開餐廳之前，我先開了一家名稱很詭異的公司——公司名稱叫做「不完美社會廣告公司」。這家公司業務包山包海，但偏偏就是不包含廣告。

那時公司的業務規劃只能用「一言難盡」來形容!我也不知道我哪根筋不對，我似乎想要囊括所有自己知道的業務，包括作文補習班、區域性餐飲指南（也就是南陽街WALKER的概念），甚至還包含兩岸婚友聯誼社。

儘管公司業務項目眾多，但是公司業務的終極目標其實就是開餐廳。當時我告訴自己，如果我的「不完美社會廣告公司」開張之後，第一年可以賺到七位數字盈餘的話，我一定要開一家餐廳來好好慰勞自己。

當時我身邊已經有許多朋友前仆後繼地投入餐飲業。例如某位長相只能用「烏漆抹黑」來形容的朋友，就率先在台北某個「烏漆抹黑」的巷子裡，開了一家「烏漆抹黑」的茶藝館，這店給我的感覺，其實就跟收破爛的工廠沒啥兩樣！這家店擺了一大堆跟老闆長相相仿、同樣是「烏漆抹黑」的古早舊物。因爲他的緣故，於是我告訴自己，如果我要開餐廳，一定要開漂漂亮亮的美美餐廳，絕對不能「烏漆抹黑」！

另外一位朋友因爲在事業上遇到了瓶頸，於是他開除了老闆，自己創業、當起了咖啡廳老闆。他的咖啡廳主要特色就是算命服務。不過我去拜訪了幾次，發現他的咖啡廳除了正在算命的人以及等候算命的人之外，幾乎是毫無客人可言！於是我告訴自己，如果我要開餐廳，就一定要開一家以餐飲爲唯一主題的店，絕對不可以讓其他業務反客爲主。

還有一位豪氣萬千的朋友，在台北精華區開了超低價供應的排骨飯專賣店，但是因爲房租實在太高，排骨飯的售價又太低，所以自開幕以來，我從來沒在他的臉上發現過笑容，永遠都是唉聲嘆氣居多。於是我告訴自己，如果我要開餐廳，就一定要開一家讓我臉上永遠充滿笑容的餐廳。

儘管已經進入餐飲業的朋友似乎都不太順遂，但是他們的失敗還是無法澆熄我的餐飲大夢。因爲「開餐廳」始終是朋友們無論何時何地，只要一聊起來就會眉開眼笑、口沫橫飛的好話題，我發現每個人的心中都有一家喜愛的店，而且大家似乎都想以這家喜歡的店爲範本，自己開一家更加超越的店！

當年（一九九一年）張藝謀導演了一部很有名的電影——《大紅燈籠高高掛》，我對這部電影印象非常深刻！在MTV看完這部電影之後的隔天晚上，我在西門町附近閒晃，赫然看到一條我之前從未發現的神秘巷弄。這巷弄的所有店家都懸掛著大紅燈籠，遠遠望去，眞的非常漂亮！於是我的「開餐廳魂」再度被喚起，我認定這個地方就是適合我開一家茶藝館的好地方，而且我決定把這家茶藝館取名爲「大紅燈籠茶藝館」！

幾天之後，我就請了一位我非常信任的朋友，也是我當時的企劃老師——閻驊一起吃飯，我跟他分享我對「大紅燈籠茶藝館」的所有夢想。因爲我的夢想聽起來實在非常吸引人，讓他聽得如癡如醉，所以他當下就要求我帶他去那個掛著大紅燈籠的神秘巷弄探幽一番。

不過那個神秘巷弄似乎過於神秘，我一時之間竟無法尋得，折騰了將近一個小時後，才在廣州街看到那一整排朦朦朧朧的大紅燈籠在風中搖曳著。

「這條神秘巷弄很漂亮吧！非常適合我在這裡開一間『大紅燈籠茶藝館』吧？」我問著閻驊。

「難道妳沒發現這條巷弄很奇怪嗎？」閻驊直接了當地問我。

「會奇怪嗎？你不覺得這裡的氣氛比台北任何一個地方都要棒嗎？就算這裡稱不上燈光好、氣氛佳，至少充滿了神秘感！」我大聲地反駁著。

他並未搭理我的反駁，只是帶著我實際走入這條巷弄裡頭（我之前只是遠觀而已），走著走著，我突然嗅得一股詭異的氣氛，也開始覺得奇怪了起來。

「我再問妳一次，妳眞的沒發現這條巷子怪怪的嗎？」閻驊再度提問。

「哼！除了這裡每家店門口都站著一些鬼鬼祟祟的男人之外，這裡一點也不怪！」我更爲大聲地反駁。

於是他的臉上露出似笑非笑的詭異神情，然後湊在我的耳朵旁邊輕輕地說：「于姐，妳知道這裡是紅燈區嗎？」

「屁啦！這裡怎麼可能是紅燈區？我根本連半個女人都沒看到呢！」我生氣地回應。

他臉上露出十分尷尬的神情，但還是很含蓄地在我耳邊輕輕說：「我告訴妳，女人應該都躲在店裡面，外頭這些鬼鬼祟祟的男人就是三七仔、負責拉客的人。」

這下子，我終於恍然大悟。

我面紅耳赤、急急忙忙把他拉出那條神秘的巷弄，然後鄭重說聲抱歉：「對不起！我沒常識、也沒知識，甚至不常看電視。我眞的不知道！抱歉……抱歉……」

不過閻驊並未藉此發揮、大聲地嘲笑我。他反而覺得在紅燈區裡頭開一家茶藝館也未嘗不是一個突兀的創意！

只不過他並不會如此建議罷了，因爲風險實在太大了！

發生這件事情之後，我的「大紅燈籠茶藝館」計畫就暫且停擺了一陣子。

不過停擺的原因跟這個笑話沒有任何關係，而是我的「不完美社會廣告公司」開始出現非常嚴重的經營危機，不久之後就經營不善而宣告倒閉，讓我揹了數百萬的債務，一直到婚後才完全解決債務。

從那時開始，我的餐廳大夢就被迫擱置。

一擱就是十五個年頭！

醋飯傳奇

自從一九九二年發生了那樁「大紅燈籠茶藝館」的笑話之後，想開餐廳的念頭就在我心中整整消失了十五個年頭之久。不過這十五年來，還是有數也數不清的朋友運用各種理由來勸我開餐廳或是邀請我一起開餐廳，但是我都不為所動。

其實勸我開咖啡廳比勸我開餐廳的人還多，因為很多朋友發現我有每天喝拿鐵咖啡的習慣，所以一直慫恿我開家咖啡廳，讓自己有喝不完的拿鐵！不過我總是用「喝牛奶不用養母牛」為由予以婉拒，因為我去咖啡廳喝拿鐵就好了！何苦要為了每天喝拿鐵而開一家咖啡廳呢？

說也奇怪，在二〇〇七年夏天，我那已經消失十五年之久的「開餐廳魂」居然又被莫名其妙地喚起。因為某位我一直都很景仰的海產批發大盤商：顏大哥居然跟我提起「合夥開日本料理店」的邀約，而且我只需要投資三十萬新台幣就可以堂堂當起餐廳老闆來，所以我想也不想，立即爽快答應！

由於顏大哥找的這位日本料理師父是專業人士，擁有非常豐富的開店經驗，所以我就放心地把我的「開餐廳魂」完全寄託在他身上，自己只負責呼朋引伴，邀請所有朋友來餐廳捧場，其餘細節我絕不過問。

顏大哥的辦事效率實在是驚人！也不過幾個星期，他居然已經找到了一個裝潢設備都是現成的日本料理店。在人手方面，他也請了兩位很棒的日本料理師父來共襄盛舉，外加三位經驗老道的外場人員。

開幕日是某個星期五晚上，因爲我那天沒有錄影，所以就帶家人一起跑去淡水溜達。顏大哥特別交代我，開幕日當晚一定要負責動員三十位朋友來店裡當第一批客人。於是在從淡水回台北的車程中，我一直馬不停蹄地打電話，瘋狂動員朋友來店裡捧場。

眞的萬萬沒想到，就在我瘋狂動員的同時，店裡居然出現了非常奇妙的蝴蝶效應。大家要知道！日本料理店的靈魂就是醋飯，唯有煮出一鍋完美的醋飯，才能成就出完美的日本料理。反之，連醋飯都搞不定，那麼也就沒戲唱了。

就在廚房人員準備煮醋飯的同時，電鍋突然故障，整鍋醋飯就這麼報銷了！於是「蝴蝶效應」就從此展開。

您或許會好奇地問我：「醋飯就算報銷了，有啥了不起呢？大不了重新再煮一鍋新的，不就沒事了嗎？」事實卻不然，當兩位日本料理師父發現醋飯煮壞了之後，他們的處理措施並不是想辦法把電鍋修好，而是狠狠地大吵了一架。

正在兩位廚師準備要拳腳相向時，我的合夥人當然不能在旁邊看戲，所以他馬上衝向前去調解，但是已經扭打成一團的兩人卻異口同聲地跟他說：「我不幹了！」於是兩人扔下滿廚房的新鮮食材就氣呼呼地跑掉了。

儘管顏大哥滿臉錯愕，但是他好歹也具備一些日本料理的本事，所以他決定一個人扛起廚房的重責大任，想展現「一人抵三人」的絕佳廚藝。

不過「蝴蝶效應」卻在此時從廚房迅速蔓延到外場。也不知道什麼原因，三位外場人員居然莫名奇妙地大吵了一架，所以我的合夥人只好從廚房衝到外場來調解，但卻沒有任何效果！這三位外場人員也如同之前那兩位廚師一樣，非常戲劇化地大呼辭職不幹、當場走人。於是短短的十分鐘之內，整家日本料理店就因爲一鍋煮壞的醋飯，而「終結」掉所有員工，只剩下顏大哥與三位前來慶祝開幕的友人呆坐在空蕩蕩的店裡。

可怕的「蝴蝶效應」其實還沒結束。正當他腦袋一片空白、不知所措的時刻，他赫然發現外場人員在氣呼呼地走人瞬間，還「順便」把店裡的錢全部拿走！為了讓「蝴蝶效應」不會蔓延個沒完沒了，於是顏大哥當下就鐵了心要放棄掉這家日本料理店，讓開幕日成為歇業日。

儘管顏大哥遭逢如此重大打擊，不過他還是很鎮定地打電話給我，平心靜氣地問我人在哪裡？慢慢來、不要急，千萬不要帶朋友來。

當我在七點三十分抵達現場之後，顏大哥才緩緩地告訴我剛才發生的所有事情，我聽得目瞪口呆，而且也深感懊惱，這可是我人生第一次當餐廳老闆呢！居然在開幕日當天就宣告歇業了，這實在是太誇張了！

不過我還是擠出各種正面思維來安慰自己，我想這故事的結局雖然很爛，但卻也是一個難得的經驗，至少我以後在解釋何謂「蝴蝶效應」、何謂「兵敗如山倒」時，這個故事算是最佳範例。

頭號苦主：顏大哥當然也知道我的心情不好受，所以他就指著冰櫃說：「這裡頭有許多好料，我們一起來好好吃到飽吧！」於是他就捲起袖子切生魚片、鮑魚、烤起龍蝦來。

所以我們就在那個倒閉的日本料理店用非常阿Q的心情大吃大喝，吃著吃著，我的心情突然就好了起來，儘管餐廳開不成，至少我還有機會吃到一頓超級豐盛的開幕大餐。

我想如果以後再有朋友慫恿我開餐廳或咖啡廳時，我無須再用「喝牛奶不用養母牛」的老梗來婉拒，我可以大大方方地告訴大家：「我也曾經開過餐廳！而且我開的餐廳可是效率驚人！可以在一個晚上同時完成開幕與歇業兩個程序呢！」

史上最強減肥餐

曾經有幾年，我非常熱衷於減肥，而且不但自己減、還吆喝所有人跟著我一起減。我甚至還曾經跑去「全民減肥大國——日本」好幾趟，把最新、最徹底、最魔鬼也最科學的日本減肥妙法帶回台灣，所以當時大家都稱我爲「台灣減肥教主」。

這本書並不是減肥書，所以我也不好意思在這本書裡頭推廣減肥餐，我只想跟大家分享一個很神奇的美食。這個美食我用非常快樂的心情連續吃了一個星期，它不但沒讓我發胖，還讓我一週內瘦了三公斤呢！

這道號稱「史上最強減肥餐」的美食就是——「酥炸鴨下巴」。

雖然鴨下巴看似平常，但只要烹調者用心思、用時間、用愛來烹飪鴨下巴，「酥炸鴨下巴」就可以做到外皮焦黃香脆，內裡鮮嫩多汁，吃起來有如戀愛的感覺。而江浙小館——「極品軒」陳老闆的「酥炸鴨下巴」更是箇中極品，吃下一口，其滋味絕對會讓您高呼：「我戀愛了！」

因爲我眞的太愛吃「極品軒」陳老闆的「酥炸鴨下巴」，所以我決定要與大家一起來分享我偏愛的這一味。

某天我在飛碟電台的「生活大師」節目中，公開要招待聽眾朋友免費去「極品軒」吃「酥炸鴨下巴」。各位要知道，我可不是隨便說說罷了，我是眞的非常認眞，所以我一連三天，每天都在廣播節目中強力宣傳。

當時我還擔心自己如此強力宣傳，最後會不會吸引了三百位聽眾朋友前來共襄盛舉，或是更爲驚人的「食客三千」的規模而讓我無法負荷呢？所以我就把「免費招待」的份量減爲三十份，我想三十份應該足以代表我的誠意了吧？

在我履行承諾的當天晚上，我一個人在「極品軒」苦候多時，最後只等到兩位聽眾朋友前來，最後只好狂Call飛碟電台同事前來、勉強坐滿一桌。老實說，我眞的十分懊惱，我想我于某人如此有誠意，連續三天強力宣傳要請大家免費吃「酥炸鴨下巴」的訊息，爲何最後只有兩位聽眾朋友願意相信我的誠意，而大部分的人卻都當我是隨口說說的呢？

幸好這僅有的兩位聽眾朋友也覺得這「酥炸鴨下巴」的確好吃，所以每人吃了兩份

「酥炸鴨下巴」，算是我那晚的小小安慰。最後我帶了二十份「酥炸鴨下巴」回家啃了一星期，跟吃藥一樣按照三餐來「服用」。就在我把「酥炸鴨下巴」全部吃完的那天，出現一樁神奇的事情……我居然在一週之內瘦了三公斤！

難不成這「酥炸鴨下巴」擁有神奇的減肥成份嗎？答案是……並沒有。那難道是每天吃同樣食物會讓人減肥成功？嗯～其實這說法似乎有點根據，但是並不能完全證實此論點爲眞！

那麼我爲何會靠著連續吃一週的「酥炸鴨下巴」，達到瘦身三公斤的奇蹟呢？其實理由很簡單，因爲我眞的履行我要招待三十位聽眾朋友免費吃「酥炸鴨下巴」的承諾，那就代表我不是一個「食言而肥」的人，既然我沒有食言，那麼我又怎麼會肥呢？既然不會肥，那自然就會瘦下來啊！

也就是這個道理，所以「酥炸鴨下巴」就這麼陰錯陽差地成爲我減肥生涯中的「史上最強減肥餐」！

椒鹽龍蝨 vs. 龍虎鬥

廣東有一道名菜叫做「龍虎鬥」，這龍指的就是毒蛇肉（眼鏡蛇、金環蛇或眼鏡王蛇），虎則是指貓肉（老虎算是貓科動物）。廚師將蛇肉、貓肉配上老母雞煨煮成一甕「龍虎鬥」，據說這菜非常美味，是冬季滋養的聖品。

通常會跟「龍虎鬥」聯袂上桌的另一道廣東名菜是「椒鹽龍蝨」。這道龍蝨吃了之後可以養顏活血，由被譽為「水中人參」的珍貴藥材——水龜子為材料。但是水龜子的模樣實在讓人退避三舍，因為牠長得眞的太像蟑螂了！

以上兩道廣東名菜其實都是我聽來的，我個人則從未吃過。不過我一向秉持著「美食當前，虛位以待」的原則來面對世界所有美食，如果眞有機緣讓我遇上這兩道美食，我應該會毫不猶豫地大膽嘗試吧！

我想要嘗試的想法才萌生不久，恰巧在香港就有機會與這兩道菜「正面遭遇」。當服務人員端上這甕「龍虎鬥」之後，我馬上反悔，把「美食當前，虛位以待」這八字箴言立即拋諸腦後。因爲我一直幻想著有喵喵叫的聲音從那深甕傳出來，所以我根本不敢動筷。我的朋友更慘，她不敢動筷也就罷了，她一想到菜裡頭躲了一隻貓，立即就奪門而出，狂吐不止。

後來我們整桌人都被這股無形壓力給圍繞，用餐的情緒大受影響，所以不但沒有任何人敢動筷，甚至連這兩道菜都不敢直視，最後搞得餐廳也很尷尬，只好把這兩道菜原封不動地端回廚房。

回台灣之後不久，我們一行人又來到某個義大利餐廳用餐。吃著吃著，我突然又想到「椒鹽龍蝨」與「龍虎鬥」的話題，雖然我不敢吃這兩道菜，但我還是很想知道大家不敢吃的眞實原因。

對我而言，我不敢吃的原因是「龍虎鬥」裡頭有貓、龍蝨則長得像蟑螂，其他朋友的理由似乎也跟我一樣。不過令人覺得弔詭的是……龍蝨因爲長得太可怕、太難看，所以我們不敢吃也就算了，但是貓長得一點也不可怕，甚至會讓人聯想到可愛的 Hello Kitty，那爲何我們光聽到貓肉就會作嘔呢？

我們都還沒討論出結論，這家義大利餐廳的主廚突然出現在我們身旁，悄悄地插進一句話：「因爲貓很可愛、蟑螂很可怕，所以沒人敢吃！通常人們都不會吃太可愛或是太可怕的東西。」

主廚的這句話似乎很有道理，不過我們還沒點頭稱是，他居然就自顧自地講起了往事。「我在綠島服兵役的時候，台東有位將軍聽說我很會做菜，所以特別把我從綠島借調給台東一天。」話匣子打開的主廚滔滔不絕地說著。

「原本我覺得很開心、很光榮，能夠離開綠島、放假一天眞好！只是我萬萬沒想到這位將軍居然想吃『狗肉大餐』，而且還要求我自備小狗。」主廚悲憤地說著：「當我帶著兩隻活潑可愛的小狗從綠島搭飛機到台東，卻將牠們變成狗肉大餐的這段歷程，每次一想起就讓我難過到眼淚奪眶而出，直到如今，這段回憶還一直深深困擾著我，所以我退伍之後，就改行成爲義大利菜廚師，因爲義大利菜絕對不會有狗肉！」

主廚這則辛酸往事的確讓我們心有戚戚焉，但是這段話卻惹毛了席間的某位朋友。「你們認爲Hello Kitty很可愛，所以不敢吃『龍虎鬥』；因爲覺得小狗很可愛，所以不敢吃狗肉；那麼請問你們爲何會敢吃牛肉呢？」這位從小到大拒絕吃牛肉的朋友突然對我們展開非常無厘頭的反擊：「你看牛的眼睛多麼地漂亮、多麼地溫柔啊！你們不覺得牛比笨貓、笨狗可愛多了嗎？總之，眞正不能吃的肉就是牛肉！」

因爲場面被牛、狗、貓一群動物搞得有點僵，所以我只好被迫跳出來打圓場：「我覺得羊肉、兔肉跟鴨肉也都不能吃！因爲羊咩咩很可愛、兔寶寶也很可愛，尤其是唐老鴨更可愛！不是嗎？」

沒想到我一講完之後，場面居然變得更僵。「什麼肉都不能吃？那請問我們還剩下什麼肉可以吃呢？」朋友失望地吶喊著。

「想來想去，好像只剩下豬肉跟雞肉可以吃了！不過前提是小豬與小雞都不可以吃！因爲牠們都長得很可愛，而且也都是卡通人物！」我無奈地宣佈結論。

總之這餐飯吃得我們每個人渾身充滿罪惡感，可見「椒鹽龍蝨」與「龍虎鬥」這兩道菜不但不適合吃、也不適合聊。覺得自己似乎說太多話而闖禍的主廚此時也悄悄溜進廚房，端出一大盤提拉米蘇來消除我們之前無意間冒出的罪惡感。

這提拉米蘇有道地的義大利馬士卡彭（Mascarpone）軟質起司、嗆厚的義大利烈酒Marsala、鬆軟的手指蛋糕、濃醇的義式濃縮咖啡，但是！裡頭絕對不會有肉！

美味一級棒的好學DIY料理

喜歡美食的人，一定也想動手做料理。
堅持「把菜做好」不如「讓菜好做」的于式哲學，
快跟著于美人改良後的懶人版美味菜單，
一起做出好吃又美味的一級棒料理吧！

巧克力好辣

有位朋友幫我查了一下搜索網站，赫然發現我眾多菜單裡頭詢問度最高的菜其實根本不是一道菜，而是一道醬。

這個詢問度第一名的醬就是墨西哥莎莎醬（Salsa），這是我在二〇〇五年年底一個人去墨西哥過聖誕節時，跟一位當地人所學來的醬汁。

既酸且辣的墨西哥莎莎醬的確是個好東西！我覺得它的魅力就像同名的Salsa舞一樣；熱情狂野的Salsa舞讓人看得血脈賁張，熱情狂野的Salsa醬也同樣讓人爲之瘋狂，尤其在炎熱的夏天，Salsa醬簡直就是開胃的救世主！

先來介紹經過我改良的台灣版于式Salsa醬。

美人私房菜

于式Salas醬

1. 屏東車埕的洋蔥1／4個，切成小丁。
2. 高雄路竹或新竹芎林的紅蕃茄2個，去籽切丁。
3. 彰化北斗的香菜2顆切碎。
4. 屏東九如的新鮮檸檬一顆，把它搾成汁。
5. 鹽適量。
6. 宜蘭南澳的新鮮辣椒，把它切成細末，或直接使用花蓮鳳林的剝皮辣椒亦可。

以上就是「正港愛台灣」的食材。不過如果您無法買到以上食材，其實也無所謂，因爲只要季節對了，任何菜都是好菜！

準備好以上六種食材之後，只要搭配上充滿感情的攪拌，Salsa醬就大功告成了！簡單吧？不過我建議Salsa醬最好是現做現吃，因爲一旦放久了，Salsa醬那熱情狂野的口感就會消失於無形。

老實說，Salsa醬還是過度簡單！所以我要介紹一種我覺得比Salsa醬更厲害的墨西哥醬料——Mole醬。

Mole醬是一種非常特殊的巧克力醬。或許您一聽到巧克力醬，腦海就會立即浮現出滑溜溜、甜蜜蜜的巧克力滋味。不過Mole醬頂多聞起來有巧克力香味，吃起來的感覺卻與巧克力毫不相關。

回想起我第一次看到Mole醬的心情，我承認我眞的是一點興趣都沒有！因爲Mole醬看起來眞的不好吃、也不好看。它黑漆漆、黏糊糊的模樣會讓人退避三舍。不過令我好奇的是，每一個墨西哥人似乎都很愛Mole醬，他們拿Mole醬來沾肉吃，尤其是沾火雞肉；那種心滿意足的模樣實在讓我感到好奇！

加上導遊看到我對Mole醬似乎快要打開心防的時候，他又展開密集攻勢爲我洗腦，導遊說：「Mole醬就是巧克力醬！巧克力醬就是Mole醬！如果妳喜歡巧克力，那麼妳沒有理由不愛Mole醬！」這句說詞終於讓我鼓起勇氣嘗試。

我所嚐下的第一口Mole醬感想其實很簡單，如果用一個字來形容，叫做「辣」；用兩個字來形容，叫做「好辣」，如果用三個字來說，就是「眞是辣！」

簡單說，Mole醬就是連吃水果都要蘸辣椒粉的墨西哥人，最愛的那種辣死人不償命的豪邁醬料！不過Mole醬除了辣之外，它還夾雜著苦味。但奇怪的是，當您的味蕾被Mole醬辣透了、苦夠了之後，嘴巴卻又可以呼吸出巧克力的香味與甜味。總之，Mole醬是可以同時呈現出「香甜苦辣」四種味道的奇幻醬料。

Mole醬最好的搭檔就是紅色火雞（Mole Poblano），這是可以把Mole醬風味徹底呈現出來的華麗美食。據說紅色火雞是五百年前某位修女發明的菜餚，這道菜餚就是想盡辦法把Mole醬「滲透」到火雞裡頭，讓火雞肉無須沾Mole醬，就可以呈現出Mole醬的獨特美味。

老實說，自從我打開心防嘗試了Mole醬之後，我就無可自拔地對Mole醬上癮！所以我在墨西哥剩下的一星期行程，我每天都要嚐一口Mole醬，每天都要吃一頓紅色火雞。

我從Mole醬裡頭重新發現了巧克力的美味，Mole醬打破我原本對於巧克力的刻板印象，誰說巧克力一定是甜的呢？巧克力也可以好辣！

潰不成軍的餿水獅子頭

打從我有記憶以來，就一直聽到別人提起「獅子頭」這三個字。我原本還以爲那是掛在牆壁上的擺飾，類似獵人打獵時的戰利品，後來才知道「獅子頭」跟獅子無關，而是一道擁有一千五百年歷史，大有來頭的揚州名菜。

後來在學校裡，老師也曾經跟同學們提過獅子頭的典故，我才知道獅子頭原來是隋煬帝的御廚爲了討老闆歡心而發明的菜餚，而且這道菜的靈感來自於揚州的葵花崗，所以原名叫做「葵花獻肉」。獅子頭跟金錢蝦餅一樣，都是中國歷史上少見以風景爲創作題材的菜餚。

儘管當時我已經對於獅子頭的典故略知一二，但是我還是沒吃過獅子頭，我只知道獅子頭跟我家除夕夜吃的金元寶一樣，都是非常大吉大利的重量級年菜。

在某年舊曆新年，有位上海太太特別送我們一道獅子頭，讓我們家嚐嚐鮮。

第一次看到「獅子頭」的眞實模樣，我們全家眞的是興奮莫名，但同時也充滿了困惑。因爲這位上海太太一直強調這「獅子頭」是她現炸的，既然是現炸的，想必已經熟了吧？所以我們就呆呆傻傻地直接拿獅子頭來吃，一吃下去，家裡每個人的表情都非常難看，因爲這「獅子頭」根本半生不熟，眞的是難吃死了！

後來我們緊急詢問左鄰右舍，到底有誰知道「獅子頭」的正確吃法？結果大部分鄰居都表示沒吃過這道菜，只有一位鄰居模稜兩可地說：「我聽說『獅子頭』還要配上白菜一起煮吧？」

於是我們就把這半生不熟的「獅子頭」重新回鍋，配上白菜一起煮。因爲剛才「獅子頭」半生不熟的滋味實在太噁心了！所以我們一致強烈要求老媽這次一定要煮久一點，至少要煮到全熟才算完成。

沒想到這次卻矯枉過正，老媽居然把整鍋「獅子頭」都煮爛了。鍋子裡頭絲毫看不到任何「獅子頭」的蹤影，我想獅子好像已經潰不成軍、落荒而逃，只留下一鍋看起來更噁心的肉末湯。

原本家人還想抱著逆來順受的心情，勉強把這鍋肉末湯吃完，不過這時我又「適時」

恭賀新禧

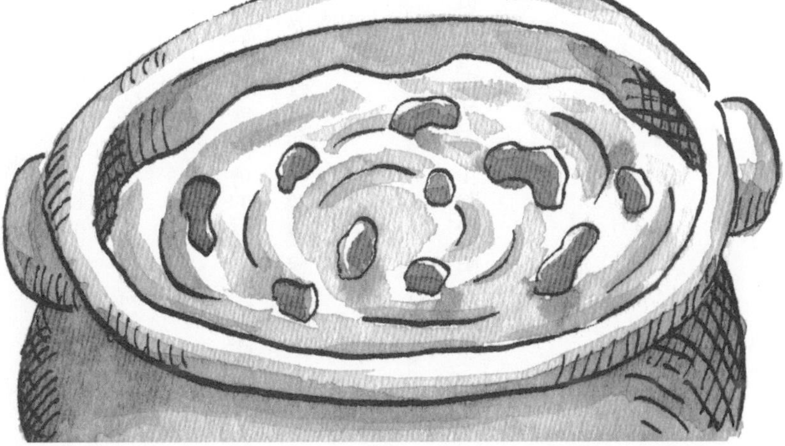

地提出強而有力的評論：「哼～這鍋菜連肉末湯都不如，這根本就是一鍋餿水！」

全家人聽我這麼一講，也沒急著罵我，反而覺得這描述好像還蠻貼切的！所以這鍋「餿水」從此就被擱在桌上，沒人想要繼續吃下去。因爲人活得好好的，何苦在新年吃餿水呢？

或許是因爲過年歡樂的氣氛所致，所以沒有任何家人質疑老媽爲何會把獅子頭煮成肉末湯，也沒有人指責我爲何要把肉末湯講成是餿水。於是我老媽就順便來個機會教育，跟我們兄妹們「開示」一番人生大道理。

「爲何這獅子頭會變成餿水呢？這就是物極必反的道理！就算獅子再強，遇上人類也會化爲一攤肉末。」老媽自我解嘲地「開示」著，好像還挺有道理的呢！哈哈哈～～

自信滿滿的內衣獅子頭

記得我在念大學的時候，某次跟同學一起吃蒸餃，席間我把小時候我媽將獅子頭煮成一鍋餿水的故事告訴一位坐我正對面的男同學。其實我根本不覺得這是很好笑的笑話，但是這位男同學的笑點似乎過低，他居然一直笑、一直笑、笑到讓我不知道如何是好。

這位超級愛笑的男同學一笑就是三分鐘，讓我覺得我老媽把獅子頭煮成一鍋餿水的老梗笑話似乎被「昇華」了，所以我也陪著他一起笑，然後笑著笑著，我就不小心咬破多汁的蒸餃，把這位男同學噴得滿臉湯汁。

就在那瞬間，我突然想起一個跟獅子頭有關的嚴肅問題：難道獅子頭對我而言，只是歷久不衰、足以讓別人大笑三分鐘的老梗笑話嗎？我覺得我應該要好好研究獅子頭的作法，做出一道眞正好吃的獅子頭，讓它成爲我學習廚藝的重大里程碑才對！

當這個念頭萌生之後，我決定要好好善待這顆獅子頭，於是我下定決心要買一個煮獅子頭用的砂鍋，不過我只是一個半工半讀的窮學生，平常生活就已經夠拮据了，實在擠不出多餘的錢來投資砂鍋，於是我開始檢視我的日常生活預算，發現「內衣預算」應該是一個可以刪除的款項，我想我身材也不好，所以就算一年不買新內衣，應該也無所謂吧?!

我當時下定決心一年不買任何新內衣，擠出購買砂鍋的預算。所以我咬緊牙關買下一個非常棒，同時也非常貴的砂鍋。而且爲了表示我對於傅培梅女士的崇高敬意，我還買了正版傅培梅食譜。（大家要知道！當時傅培梅食譜可是盜版滿天飛，甚至連影印版都有呢！）另外，我還砸下重金購買了最棒的食材，包括上好的梅花肉、金華火腿、蛤蠣，還有讓我眉頭深鎖的昂貴干貝呢！

其實我花在這鍋獅子頭的所有預算，老早就超過我一年購買內衣的全部預算，不過爲了表揚自己在內衣上的犧牲，所以就把這道菜稱爲「內衣獅子頭」好了！

先來看看這「內衣獅子頭」的作法吧！

美人私房菜

內衣獅子頭

材料：梅花肉1斤、金華火腿5片、大白菜1顆、蛋清1顆、大蛤蠣半斤、干貝6粒、荸薺

佐料：蔥、薑、酒、醬油

作法：

（一）先將干貝發好備用。

（二）把梅花肉放入大碗公裡頭，加入醬油、酒與拍好的粒狀荸薺，用筷子朝同一方向攪拌三分鐘。

（三）將攪拌好的一斤梅花肉分成八個可以「一手掌握」的圓圓肉球，來回在左、右手之間拋打大約八回，這就是獅子頭原型。（如果您手大，獅子頭型狀自然就會大，反之亦然。）

（四）砂鍋煮半鍋水，水滾後把蛤蠣放入，煮至蛤蠣稍微打開時立即熄火，將蛤蠣撈起，將白菜菜心部分放進鍋底。

（五）用大蛤蠣墊底，再用蛋清包裹獅子頭的外層，然後將獅子頭整齊擺入砂鍋內。如此可讓獅子頭吸取鮮美的蛤蠣湯汁。

（六）將火腿片、干貝放入砂鍋，然後在獅子頭上方覆蓋白菜的菜葉，這白菜葉務必要把所有食材完全遮蓋才行！最後蓋上鍋蓋，開始煨煮。

（七）用小火煨煮二～三小時，必須隨時要撈起湯頭上的雜質，不撈乾淨，這鍋獅子頭還是會有餿水的樣子！

當我完成「內衣獅子頭」之後，我的廚藝似乎就已完成一個重要的里程碑，於是我決定挑戰東吳大學的烹飪比賽，而且我的目標直指冠軍。

不過離奇的是：我參加烹飪比賽的菜單上居然卻沒有獅子頭這一味（或許是我覺得成本太高了吧？）反而用鳳梨牛柳、清蒸蘭花蝦、豆酥鯧魚來應戰。這三道菜其實跟我沒啥淵源，我是邊看傅培梅食譜、邊做出這三道菜的，不過我倒是自信滿滿，因爲我發現其他參賽者都使用吳郭魚來應戰，而我是用比較高檔的鯧魚，光在食材上，我已經立於不敗之地了。

最後，在比賽宣佈名次到第二名的時候，我們這組居然還沒在榜上，這時我的組員們都已經垂頭喪氣、想要走人，但是我卻興奮地大聲尖叫：「第二名還不是我們，那我們就是第一名啦！」

果不其然，最後我眞的勇奪東吳大學烹飪比賽冠軍！這也是我這輩子第一次拿到冠軍！我內心的激動眞的是不可言喻！我的得獎感言就是：「感謝獅子頭，給我如此大的信心、讓我可以得冠軍！」

揚威異邦的乾杯獅子頭

某次在法國渡假，因爲吃到民宿老闆近乎銷魂的豐盛法國菜，在酒足飯飽之餘，我就自告奮勇要做一桌中華料理予以回報，所以我邀請了民宿老闆隔天晚上同一時間、同一地點再相逢，民宿老闆也欣然接受了我的邀約。

不過老法答應之後，我就開始後悔了，甚至還感到憂心忡忡。因爲在海外做一桌中華料理似乎不容易，畢竟這兒不是台灣，食材與調味料想必都不同，畫虎不成反類犬的機率頗高，所以這餐算是高難度的考驗！

第二天早上，我想了好久的菜單，終於想出在法國應該也能做出來的中華料理。菜單如下：

（一）冷盤：花生醬美奶滋涼拌荷蘭豆

（二）醋醃紅蘿蔔泡菜

（三）威士忌海明蝦
（四）絞肉鑲綠辣椒

老實說，擬好以上菜單之後，我並不是太滿意！因爲我覺得這些菜似乎都沒有中華料理的感覺，也沒有「爲國爭光」的架式，所以我臨時決定再增加一道足以壓軸的主菜：獅子頭，這可是讓我信心滿滿，還曾經想用它去參加烹飪比賽奪冠的大菜呢！但是想著想著，我又陷入了兩難，在法國市場裡頭有辦法買到足以做出獅子頭的食材嗎？我眞的非常懷疑。

就在我躊躇不決的時候，老公自告奮勇地跳出來解圍：「要不要我也做一道中華料理來款待法國人呢？我家祖傳秘方的『王家三杯雞』可是非常了得喔！」不過James在家裡從未做過這道菜，所以我對這道菜的威力也是半信半疑，算了！就把「王家三杯雞」當成秘密武器好了！

決定菜單之後，我們就去當地的家樂福超市採買。果然如我所料，法國眞的很難買到獅子頭的相關食材，所以我必須將我的獅子頭作法因地制宜，稍微改變一下。

首先，在法國買不到原味的豬絞肉，儘管法國菜是全世界最強調原味的菜餚，但是法國超級市場卻只能買到調味後的香腸絞肉，所以我只好選擇調味最淡的一種。再者，法國買不到荸薺與豆腐，所以我就用南法細蔥與一些不知名、但是可能有同樣效果的蔬菜來代替；另外獅子頭的高湯就用雞骨高湯來代替。當我在熬煮雞骨高湯時，民宿老闆就站在旁邊豎起大拇指誇讚我：「沒錯！湯就是要這麼熬才是湯！」

民宿老闆龍心大悅之後，就跑去地下酒窖裡拿了一瓶陳年香檳來表揚我。然後當我開始展現中華料理才有的「左右手互搏、手工拍打技法」來拋打獅子頭時，民宿老闆看了簡直是目瞪口呆、大呼神奇！他臉上露出一副想要頒發獎狀給我的驚喜表情說：「我一定要再送妳一瓶酒才行！」然後一溜煙又跑進酒窖裡拿「獎品」準備頒發給我。

在獅子頭煨煮的時候，James也開始準備起「王家三杯雞」的料理工作。他的烹飪手法獨特且豪邁，跟我所知道的所有三杯雞料理方式完全不同！他居然把佐料和雞塊一股腦全部扔進鐵鍋裡頭悶燉，就結束所有烹飪過程。這時民宿老闆在旁邊露出不可置信的驚訝表情，不過這並不意外，因爲連我也感到相當驚訝。

過了一個多小時之後，我們所有的中華料理都陸續上桌。民宿老闆滿臉笑意，只要他覺得哪一味特別好吃，他就會立即起桌，然後衝進酒窖裡拿「獎品」。

或許法國人眞的很喜歡吃中華料理，所以民宿老闆在這個晚上相當忙碌地跑了好多趟地下酒窖，讓我們這一餐簡直是一路乾杯、不醉不歸。雖然我的獅子頭也「獲頒」一瓶好酒，不過因爲食材（豬絞肉）的侷限，所以他們覺得獅子頭跟法國肉丸的味道差不多，只是形狀不同罷了。反倒是James的「王家三杯雞」異軍突起、比我的獅子頭更受歡迎，因爲法國人吃到這一味時，大呼過癮的表情只能用誇張來形容！再者，民宿老闆爲「王家三杯雞」所頒發的「獎品」可是一九九三年份的波爾多好酒喔！據說這是當晚最貴的一瓶酒呢！

依子老師的化學烹飪課

我很喜歡學做菜，無論是正式拜師學藝或是別人三言兩語的言傳，我都非常有興趣！而且就算出國旅遊，我也會把「學做菜」列入我的旅遊行程中。

或許您會認為在國外學做菜是一件浪費時間、不可思議的傻事，不過我仍甘之如飴，因為我覺得跟當地人學做當地料理非常地酷！可以增加很多旅遊樂趣，那才是最標準的入境隨俗！

因為我很喜歡「料理東西軍」這個節目，所以某年我去日本旅遊時，還特別報名了「辻料理學院」的一日見學課程，因為這課程的師資就是「料理東西軍」的固定班底。這課程只有一天，而且非常划算！除了可以跟名人級師傅學料理之外，它的學費也非常便宜！因為它根本不用學費，只需要支付交通費用就可以了！

在上了充實的一天課程之後，我還是覺得自己不太能適應「大班式教學」，所以決定要體驗一下「一對一」的私塾式烹飪課程，於是費了一番功夫找上了依子老師。

不過在付學費之前，身爲家庭主婦的我還是不免斤斤計較了起來。

「我需要自備食材嗎？」

「不用！」

「我可以帶全家人一起來上烹飪課嗎？」

「可以！」

「我們全家人可以一起在這裡用餐嗎？」

「當然可以！」

依子老師的私塾式烹飪課程每堂只有兩小時，開價五千圓日幣。我想乍聽之下，您一定會覺得很貴！不過請相信我，這堂課可是物超所值呢！因爲光上一堂課，就可以省下我們一家四口一頓晚餐的錢，而且這頓晚餐還豐盛無比呢！

依子老師家裡有一個小菜園，園裡種了各式各樣的有機蔬果，我們上課的所有食材幾乎都來自她的小菜園。她的外表看起來像是一位再尋常不過的日本家庭主婦，但是她卻是一位瘋狂的追星族，她以周遊亞洲各國，到處參加裴勇俊的影友會爲樂。所以當我告訴她，我也喜歡斐勇俊時，她就用愛屋及烏的心情對我拍胸脯保證：「原來我們都是自己人，我發誓我一定會把我所有廚藝傳授給妳！」

依子老師果然說話算數，她竭盡所能地教導我，而且她的廚藝也眞的讓我目瞪口呆、受用無窮！

我覺得依子老師好像是我國中時代的化學課老師，她一直帶領我做各式各樣的化學實驗，來找尋各種食材的搭配性。只不過國中化學課枯燥無味，那些化學實驗品都有害人體；但是依子老師的化學課卻非常有趣，而且實驗品都非常好吃！

她將昆布與柴魚分成不同的品種與份量來讓我做實驗。藉由這個實驗讓我領悟了「日本高湯」的學問。

「擁有七倍美味的昆布柴魚高湯就是日本湯頭之王！就像斐勇俊是世界帥男之王的道理一樣！」依子老師熱血地說道。

「爲何昆布柴魚高湯可以擁有七倍美味？跟斐勇俊一樣厲害呢？」我內心不免產生這個疑問，後來隨著課程的進行，我才知道日本昆布柴魚高湯是用「取」的，跟中華料理的「調」與法國料理的「熬」有異曲同工之妙，如此才能產生出「1＋1＝7」的七倍美味！

「取」是一個很大的學問，因爲不同品種的柴魚和昆布所能取出最好味道的時間都不一樣，稍微不小心就會取出失敗的苦味和腥味。所以你必須反覆作化學實驗，找出最適合的搭配與時間，才能「取」出最好的高湯。

依子老師跟孔子「舉一反三」的教學方式非常類似，她希望我不要只是死記高湯的作法，而是要靈活運用，看看能不能創造出其他風味的高湯。而我算是非常受教，馬上就「舉一反三」地調配出兩種高湯。

我發現京都風味高湯的湯底加上橄欖油和紅酒醋之後，立刻就可以搖身一變成爲義大利風味高湯！如果不加橄欖油和紅酒醋，改爲美乃滋，這高湯又會冒出濃濃的台灣味！同樣的材料、同樣的步驟，居然可以做出完全不同風味的高湯，我想這就是烹飪最有趣的地方。依子老師讓我尋得烹飪的樂趣，她讓我更爲放膽地進行各種烹飪實驗，研究讓不同食材搭配在一起時，能夠不互相抵銷、相輔相成的美味。

依子老師從來不把做菜時的幾匙鹽、幾匙糖當作數學，因爲她認爲烹飪不是數學課，而是一堂化學課。我想這就像我們的人生一樣，眞的不需要太多的數學算來算去、機關算盡誰得利？人生反而比較需要化學，人與人之間就像是化學元素，藉由相處與搭配之間的化學變化，交織出豐富的人生。

上完依子老師的化學烹飪課之後，我就非常想要嘗試發明一種可以發揮出「1＋1＝7」效果的特別醬料。於是我詢問了一位羅醫生，自己也反覆做了無數次實驗，最後的成果是「一二三四醬」，雖然這名字似乎不甚高明，讓人摸不清楚裡頭的成份，不過我先把作法寫出來，看看您有沒有靈感，爲這醬汁想個響亮的名字囉！

美人私房菜

小白菜絲佐一二三四醬

作法：

（一）將小白菜切絲

（二）1匙糖＋2匙醬油＋3匙白醋＋4匙黑麻油＝一二三四醬

（三）將一二三四醬澆在小白菜絲上即可

特點：

因爲小白菜性涼，黑麻油卻溫潤，所以這道菜不但簡單好吃，還具有舒緩肩頸痠痛的食療效果，所以眞的是「1＋1＝7」的好菜呢！

美味百分百的「心」料理

前幾篇文章是講我跟別人學做菜的過程，所以這篇文章我就來講講我教別人學做菜的過程。

我真的很喜歡教別人做菜，尤其喜歡推薦那種步驟簡單、不容易做錯的懶人版菜單。因為我始終相信，任何人只要願意學上幾道簡單的好菜，就足以讓家庭和樂、社會和諧，甚至於世界和平！

雖然我在媒體上推薦了這麼多菜單，但是我收到的回饋並不多。曾經跟我表達過謝意的人往往都是我原本就認識的朋友，所以久而久之，我就有點意興闌珊，不太想再教別人做菜，直到認識了薛以柔小姐之後才全部改觀。

某天在年代電視台錄影，這天訪談的來賓是薛以柔小姐全家人。她與老公都是全盲，兩個孩子也是青光眼與夜盲症，將來可能都會失明。

不過薛以柔夫婦一見到我，居然就激動地握著我的手說：「我們是妳的忠實聽眾，我的廚藝都是跟妳學的喔！感謝美人姐，讓我們家每天都有好吃的菜可以吃！」

薛以柔夫婦的這席話讓我感到受寵若驚，但我還是不禁狐疑：「我在廣播節目中說的『一口好菜』，眞的可以幫助全盲的薛以柔做出『一桌好菜』嗎？」我的心中不斷浮出問號。

不過隨後的節目中播放工作人員去薛以柔家裡廚房錄製的做菜VCR之後，我才恍然大悟！原來全盲的薛以柔擁有比別人更敏銳的觸覺、聽覺與嗅覺，所以她當然可以做出一桌好菜。

您知道薛以柔有多厲害嗎？她可以用「觸覺」來感受瓦斯爐台的振動；用「聽覺」來聽出爐火的聲音，藉此來判斷菜的熟度。她也可以用「嗅覺」來判斷油溫，判斷這道菜到底是鹹是淡。這著實是讓人嘆爲觀止的好本領！

不過薛以柔的絕技僅限於不下雨的日子，因爲雨水的聲音會掩蓋廚房裡頭的所有聲音，雨水的溼氣也讓薛以柔嗅不出廚房裡頭的味道，所以每逢下雨，薛以柔所烹調出的料理就會非常失敗，往往每道菜都是「碳烤口味」，但是全家卻依然力挺到底，吃個一乾二

淨。

其實我們這群明眼人很難去感受到盲人在廚房裡頭的辛酸，我只知道薛以柔在學習烹飪的過程中，經常打翻流理台上的東西，甚至還會把滾燙的熱油整鍋打翻。

雖然烹飪過程十分艱辛，但是薛以柔還是堅持要親自下廚，做出一頓豐盛的晚飯給全家人吃。她也堅持要把我在節目中所講的「一手好菜」化成實際，做成「一桌好菜」，雖然……這是一桌「看不見的佳餚」。

薛以柔爲何要如此堅持呢？因爲她與全家人都是帶著快樂、感恩的心情來享用晚餐，不管這頓晚餐口味如何，薛以柔永遠都可以聽到來自於老公與小孩的眞心讚美與感謝，晚餐永遠都是薛以柔全家人一天之中最美好的時光。

感謝薛以柔小姐，讓我恢復了信心，從此更大張旗鼓地教大家學做菜，而且也極力鼓吹大家要在家裡開伙，要珍惜和家人共進晚餐時光的觀念。

薛以柔小姐特別喜歡烹調魚料理，因爲魚對眼睛很有幫助，而孩子的眼睛始終是她心中永遠的牽掛，所以我最後要送一道魚料理菜單給薛以柔小姐，這是被我稱爲「羅密歐與茱麗葉」的奶油煎鮭魚。

美人私房菜

羅密歐與茱麗葉 奶油煎鮭魚

材料：

鮭魚2片、奶油適量、鹽及白胡椒、麵粉適量、新鮮蒔蘿3支、檸檬半個

作法：

一、鮭魚去骨後，切成2片，稍微灑上鹽、白胡椒調味後，表面均勻拍上麵粉。

二、起油鍋，將奶油放入鍋內融化後，再放入鮭魚煎至兩面金黃即可完成。

（蒔蘿與檸檬則是盤飾上的點綴花樣）

我的的味自慢

「自慢」是一句日文，也是這兩年來台灣非常紅的流行語。「自慢」大概的意思就是一個人最拿手、最自信、最有把握的事情；唯有認眞、堅持、一輩子追根究底地追求，才能夠擁有「自慢」。不過對我這種愛吃的人來說，我似乎比較關心「味自慢（あじじまん）」。

「味自慢」顧名思義就是一個人最拿手、最自信、最有把握的料理。我經常會思索我的味自慢到底是什麼？通常第一個浮現在我腦海的答案就是：獅子頭。

獅子頭雖然不是我從小就會烹飪的料理，但是我對獅子頭的確認眞堅持，而且也付出不少的心血，也是因爲它，才讓我的廚藝首次獲得眾人肯定，所以，在大家眼中獅子頭應該也是我最自信、最拿手的菜餚吧？再者，在過去二十年來，我已經學會十幾種獅子頭的作法，未來也有興趣繼續精益求精，開發出「究極獅子頭」，因此得到一個結論，我的味自慢應該就是獅子頭！

答案呼之欲出，但是我並不滿意這個答案。因爲我知道雖然獅子頭跟我的淵源的確頗深，但是感情卻沒有那麼濃。

直到有一天，有位朋友突然打了一通電話給我：「美人姐，妳上次在電視上示範的一道菜現在已經成爲我家的味自慢了囉！」

「眞的嗎？哪一道菜呢？獅子頭嗎？」我好奇地問。

「不是！其實那根本就不是一道菜，而是餅！」朋友老實地回答。

原來朋友家的味自慢指的居然是我家的胡瓜煎餅?!

倘若朋友不說，我根本就不會把胡瓜煎餅放在「味自慢」的名單上。雖然這是我從小吃到大的食物，但是作法實在是簡單到離譜，所以我經常將它視若無睹。

「就是因爲作法簡單，所以才會成爲我家的味自慢啊！」朋友反駁地說。

不久之後，號稱「胡瓜煎餅已經變成他家味自慢」的說法居然接二連三地出現。這種現象簡直讓我感到震驚！我眞的想不透這箇中原委，所以我決定要問個分明。

根據眾多朋友的陳述，我才體會到原來只有最簡單的家常菜才能深入人心，才能成爲別人家裡的味自慢。他們也信誓旦旦地告訴我：「妳在介紹胡瓜煎餅的時候，流露出無限的感情與自信，彷彿在告訴全世界：『胡瓜煎餅就是我的味自慢！』」

「胡瓜煎餅就是于美人的味自慢?!」這個疑問把我的思緒帶回了四十多年前。

從我有記憶以來，家裡永遠都堆著一包一包的麵粉袋，因爲我家的主食向來是麵食，每餐都是由各式各樣的麵與花樣眾多的餅來排列組合。

胡瓜煎餅是山東傳統家鄉菜，也是我家在夏、秋兩季的主食。因爲爺爺堅持夏天一定要多吃胡瓜，雖然他講不出個所以然，但是我們還是必須遵循爺爺的結論：「胡瓜是個好東西，搭配綠豆湯食用，可以幫大家渡過漫漫長夏。」

也就是因爲這個原因，胡瓜煎餅與綠豆湯成爲我家第一種食補。別人家都是習慣冬令進補，而我家卻是強調夏令進補，眞的非常另類！雖然胡瓜煎餅是我們全家在夏季必須強迫「服用」的食物，但是我們一點也不排斥！因爲胡瓜煎餅眞的非常好吃！怎麼也吃不膩！

且讓我告訴您胡瓜煎餅有多好吃吧！它外層焦香酥脆、內層鬆軟爽口，尤其是那軟中帶脆的胡瓜絲與香氣十足的蔥花，雙重口感眞的是無人可擋！胡瓜煎餅是我在全身都快融化掉的炎夏，唯一能讓我產生食慾的超級美食。

我的父親在我滿週歲之前就離開人世，所以我常常會想，父親若在人世的話，他會喜歡吃什麼樣的食物呢？我想他應該也會喜歡我爺爺賣力推薦的胡瓜煎餅吧？所以胡瓜煎餅是我所揣摩出來的「父親味道」。

因爲我們全家人都會做胡瓜煎餅，所以胡瓜煎餅除了是我父親的味道，其實也是我爺爺的味道、我媽媽的味道、我大爺的味道，甚至是我自己的味道。

爺爺曾經跟我說：「如果妳將來想要學做菜，就算不學山東菜也無所謂！妳只要知道胡瓜煎餅與金元寶怎麼做就可以了！」也就是這個原因，所以我現在已經學會了各式各樣的料理，但是始終對山東菜不熟，而山東料理中，又唯獨胡瓜煎餅與金元寶是我最熟稔的。

如此想來，胡瓜煎餅似乎就是我的味自慢！因爲對我而言，胡瓜煎餅是一個充滿了感情、充滿了記憶，而且相伴我一輩子，讓我吃進心坎裡的料理。

最後我要跟各位讀者朋友分享胡瓜煎餅的作法，好的食物必須跟好朋友分享。胡瓜煎餅是我吃進心坎裡的味自慢，也希望有榮幸可以成爲你家的味自慢。

美人私房菜

于美人的味自慢——胡瓜煎餅

食材：胡瓜1顆、蔥2支、中筋麵粉適量、雞蛋一顆

調味料：鹽少許、胡椒粉少許

作法：

（一）胡瓜削皮刨絲，加入鹽殺青，醃15分鐘後，將水分瀝乾後備用。

小叮嚀：①要把胡瓜籽去除，因為籽會出水，讓口感變差。只用胡瓜肉即可！
②胡瓜很會出水，所以一定要把水份擰乾，而且要打一顆蛋，煎出來才會酥、才能味自慢！

（二）加入蔥花、鹽、胡椒粉、中筋麵粉拌勻。

（三）起油鍋，將胡瓜麵糊攤平，煎至兩面金黃即可。

美食也能吃出生命力

用心烹煮的廚藝，能讓食客吃到廚師的誠意與心意，
獲得滿滿的力量和生命力！
想知道什麼樣的料理具有這樣的魔力？
那麼你千萬不能錯過這些帶給人溫暖力量的療癒系美食！

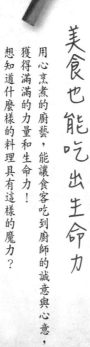

最佳情傷療癒美食

我在求學時代堪稱是「失戀女王」，因爲一再失戀，所以讓我很沒有自信。也因爲沒有自信，所以我也一再失戀，這眞是一個苦澀的因果循環！當時的我甚至因爲失戀之故，念大學的時候還轉學了兩次，從輔仁大學轉到文化大學、再從文化大學轉到東吳大學，最後終於在東吳大學中文系「落地生根」，直到大學畢業。

還沒就讀東吳大學之前，其實我的想法很負面，因爲我不認識自己，也不知道自己眞正想要的是什麼？當時我只要遭逢失戀，我就會選擇大吃大喝。反正我自己就會做菜，而且我媽更會做菜，所以我的失戀次數越多，我吃進肚子裡的食物也就越多！

後來我發現自己算是一個特例，因爲除了我之外，我從來沒看過有任何一個女孩像我一樣用大吃大喝來解決情傷的！通常女生只要遇上情傷，絕大部份都是以不吃不喝來因應，絕對不會有像我這種閒情雅緻來大吃大喝。

那時我有一位情同姊妹的同班同學，如果要爭奪「失戀女王」寶座的話，她絕對是我最大的競爭對手！她當時遭逢一場極爲嚴重的情傷，而且這場情傷非同小可，居然持續了將近一年之久，讓她瘦得不成人形，只能用「皮包骨」來形容。

我眞的不知道該怎麼安慰她才好，因爲我向來主張「此處不留情，自有留情處」，我很想直接了當地建議她仿效我的作法，用轉學來解決情傷。不過因爲我們當時已經大學三年級，轉學並非上策，再者，我又害怕會失去這位好朋友，所以我陷入了兩難。

就在此時，我突然想到一個好方法，既然我沒有能力解決她的情傷，那麼爲何不乾脆把她交給我媽媽來「處置」呢？所以我特別邀請她來我家接受「情傷治療」，因爲我相信我妙語如珠、說起話來處處有禪機的媽媽一定可以提出「最佳治療方案」，而同學也爽快地答應了。

於是我就在沒有事先告知老媽的狀況下，把同學帶回家裡。因爲我希望這一切隨緣，如果太刻意強調同學的情傷，也許會適得其反呢！況且我大概也可以猜得出來我老媽會用什麼方法來治療我同學的情傷。

我猜想老媽或許會立即衝進廚房，煮上一大桌好菜來招待我同學，餐後再把「于家治家格言：吃飽就沒事，吃不飽鐵定有事！千好萬好，吃飽就好！」搬出來訓誨我同學一頓，如此一來，同學的情傷也許就痊癒了一大半，而且……我也可以沾到光，吃到一桌好菜。就算沒有一桌好菜，我猜想老媽也一定會做她最擅長的北方麵食來招待我同學。我老媽可是北方麵食達人，從我有記憶以來，我家永遠都會放著兩、三大袋麵粉，只要老媽高興，她就有本事立即變出各式各樣的北方麵食，舉凡寬麵、細麵、大餅、小餅或是金元寶（水餃）都難不倒她。

如果我媽眞的是做北方麵食來招待我同學，那麼我猜她應該會煮一碗熱騰騰的湯麵，因爲她始終認爲熱的食物可以帶給人溫暖，傷悲的時候只要來碗熱騰騰的湯麵，就可以立即「百憂解」。

不過劇本並沒有完全按照我的猜測走。她先端詳了我同學一遍，然後說：「妳太瘦了，想必受了很多苦。如果一直餓肚子的話，那麼一定會覺得很難過、覺得任何事情都不對勁！」說完之後，老媽就走進廚房裡。

十分鐘之後，她端著一大鍋熱騰騰、還冒著煙的白菜瘦肉絲麵疙瘩招待我同學，然後慈祥地安慰著她：「如果喜歡吃的話，就多吃幾碗吧！吃飽吧～吃飽就沒事了～」

我同學乖巧地開始吃起麵疙瘩，老媽的白菜瘦肉絲麵疙瘩眞的很好吃，應該可以稱得上是最佳情傷療癒食物！我同學邊吃邊流眼淚，不知不覺就一碗接著一碗吃，我想這應該是她歷經一年情傷，吃的最多的一餐吧？她吃著吃著，原本眉頭深鎖的臉蛋慢慢舒展開來，吃到第三碗，睽違許久的笑容終於重現江湖，總之，這鍋白菜瘦肉絲麵疙瘩，居然就這麼輕易解決了她長達一年的情傷。

我覺得這眞是一個最完美的結果，再也沒有人可以跟我角逐「失戀女王」的寶座了！不過我還是好奇地問老媽：「爲什麼是麵疙瘩？而不是妳平時所擅長的其他北方麵食呢？」老媽不假思索地回答：「麵疙瘩是再簡單不過的美食，複雜的愛情難題就必須要用最簡單的方法才能化解。」

老媽說的這句話果然很有道理，麵疙瘩的確是最簡單、最隨興的北方麵食，只要把兩份高筋麵粉對上一份冷水，就可以輕輕鬆鬆煮上一鍋熱騰騰的麵疙瘩。麵疙瘩就像愛情一樣，儘管戀人之間的相處總會有「疙瘩」，但是把「疙瘩」吃掉就沒事啦！

我想每個人在生命轉彎處吃到美食，事情往往比較容易解決，因爲活著就有希望，吃飽才不會絕望！所以多吃一碗麵疙瘩，就可以解決情傷！

美少女的最後晚餐（上）

大約在十幾年前，我在南陽街擔任國文老師，同時也在綠色和平電台主持廣播節目。當時有位學生家長跑來電台拜託我，她說她的寶貝女兒一直都有輕生的念頭，希望我可以讓她在電台裡擔任工讀生一職，看能不能藉由工作來消除她的灰色思想。

儘管電台工讀生的工作不怎麼輕鬆，但是這忙碌的工作似乎無法消除她的灰色思想，她依舊是三不五時把「自殺」掛在嘴邊。

我曾經分析過她想輕生的理由，其實理由並不太單純！如果她只是因爲失戀而想輕生，那麼由我這位資深「失戀女王」，加上我那位擅於用美食撫慰人心的老媽出面，幾乎都可以擺平，但是她的問題在於她的爺爺奶奶極度重男輕女，讓她感到挫折與憤怒，進而覺得人生很沒意義。出生之後就開始要一步一步走向死亡；吃飽了就要上廁所、交往之後就要分手、考上學校之後就要畢業，她覺得人活在一成不變的既定定律裡。

其實她的灰色理論也不算毫無道理，因爲蕭伯納曾經說過：「人生有兩種悲劇，一是萬念俱灰、另一個是躊躇滿志。」不過當時我還沒具備說出一朵花的本領，所以拿她一點辦法都沒有。

某一天，她用極爲篤定的認眞口吻對我說：「我眞的不想活了，我明天一定要自殺！」她的自殺宣言把我嚇了一大跳！我望著她那張青春臉龐，我眞的不知道該如何安慰她。突然，我急中生智，同樣用篤定、認眞的口吻回應她：「如果妳明天眞的要自殺的話，那我不妨帶妳去吃一頓『最後晚餐』好了！」

這位美少女聽到我這句無厘頭的建議之後，也嚇了一大跳！我猜也許是她驚嚇過度，所以才會無意識地笑著回答我：「好～好～好，我們一起吃完『最後晚餐』之後，我再去自殺好了！」

我也不知道爲何當時會冒出這種奇怪的「最後晚餐」建議。我猜也許是我電視節目看太多了吧？美少女一跟我講起自殺，我的腦袋就會浮現死刑犯的模樣。

電視上不是經常有「死刑犯臨刑之前，獄卒都會問他想吃些什麼」的劇情嗎？我想，對於想要自殺的人而言，他們應該就像是「死刑犯」的角色，而我呢？應該可以稱得上是

「美食獄卒」，所以我這個「最後晚餐」的創意可說是合情合理！

不過美少女爽朗地答應我「最後晚餐」的邀約之後，就輪到我開始緊張了。因爲「美食獄卒」眞的不好當，雖然我從小就堅信美食具有一種讓每個人都願意好好活著的神奇力量，但是該如何選擇一家適合「最後晚餐」、讓美少女有意願繼續活下去的餐廳，這還眞是一個大難題！

好吃當然是首要前提，如果美少女認爲「最後晚餐」不好吃，她可能會因此「抱憾而終」，那就是我的一大過錯。再者，價位也是一個考慮因素，如果東西很好吃，但是價位很貴，我想美少女也許會認爲「人生太辛苦，要花這麼多錢才能吃到好吃的東西，唉～不如歸去，自殺好了！」相反地，如果價位太便宜，菜餚不好吃，美少女也會覺得自己非常不值，連吃個「最後晚餐」都必須如此陽春，那還不如早早去死算了！

我權衡以上各種考量之後，覺得「物超所值的中等價位」是最適合「最後晚餐」的餐廳，於是我選擇了一家才開幕不久的日本料理店。

這家日本料理店位於百貨公司的地下室。雖然外表不怎麼起眼，不過當時它的特餐非常有名，所以我挑選比較貴、又不會貴到離譜的特餐。

選擇日本料理店來當「最後晚餐」的地點還有另外一個原因，因爲日本料理是一道一道上，所以我可以在每一道菜的間隔時間講些話，期待這些勵志話語可以讓美少女回心轉意，打消自殺念頭。

我們這餐吃得很久，也吃得很累，因爲每一道菜我都必須講出一則自認爲很有生命力的小故事。不過……我承認這些故事都沒啥說服力，所以每吃完一道菜，我只能直接了當地問美少女：「這菜好吃嗎？如果妳明天眞的自殺的話，以後就吃不到這道菜囉！」美少女只是臉色泛紅地笑著，她從未正面回應我反覆詢問的問題。

輪到生魚片這道菜，美少女突然發現這魚片晶瑩剔透，非常美麗。因爲師父把生魚片切得極薄，所以透著光看生魚片，還可以折射出美麗的粉紅色澤。已經說了不少人生大道理，而感到厭煩的我於是就開始說起生魚片的故事。

「妳知道有一種牛肉也可以擁有跟這生魚片同樣的美麗色澤喔！」我開始說起故事來：「這種牛肉叫做『燈影牛肉』，這是四川的名菜，這種料理手法可以把牛肉切得跟紙一樣薄，一樣可以透出粉紅色澤！」

「天啊！牛肉也可以透出粉紅色澤？這眞是太神奇了！」小女孩果然就是小女孩，對於粉紅色的東西都充滿了興趣。

「那妳知道『燈影牛肉』跟『曾經滄海難為水，除卻巫山不是雲』這首詩有何關係嗎？」我講著講著就露出國文老師的本性，開始考起了國學常識。

美少女搖搖頭、不置可否。於是我緊接著說出答案：「這道菜與這首詩都跟唐朝大詩人——元稹有關！因為那時元稹很倒楣，因罪被貶至四川，當時他在一家餐廳吃到了這種牛肉，他也跟妳一樣驚訝，所以他就把這道菜取名為『燈影牛肉』。」

「而且妳知道嗎？我爺爺從小就訓練我刀功，所以我現在也有辦法切出這道『燈影牛肉』喔！」我得意洋洋地跟美少女炫耀著。

「但是妳學會『燈影牛肉』又有什麼意義呢？妳又不開餐廳，而且會切『燈影牛肉』又不能保證妳能交到男朋友！（當時我還小姑獨處）」美少女又顯露出她那副「人生一切都沒意義」的灰色思想潑了我一桶冷水。

「嗯～對我而言，『燈影牛肉』有非常多的意義！『燈影牛肉』讓我想起我的爺爺與我的童年，所以很有意義！加20分。『燈影牛肉』可以證實我刀功很好，或許我也有機會藉此本領來開餐廳，所以也很有意義！再加30分。因為『燈影牛肉』讓我覺得我比唐朝大詩人還厲害，元稹頂多只是看到這道菜罷了，而我卻會做這道菜，所以我很得意，所以就變得有意義！加50分，妳看，總分已經100分了，妳說這『燈影牛肉』有沒有意義？」我竭盡所能地爲燈影牛肉加油添醋、希望可以擠出一連串的意義來。

「難道說……讓一些很沒意義的事情變得很有意義，就是人生的意義嗎？」美少女恍然大悟地說著。

「對！就是這個道理！人生就是一連串追尋意義的過程。不光是『燈影牛肉』，其實每一道菜都可以有一段故事，這就像每個人都有故事，也有說不完的故事。不過重點是活著才會有故事，如果妳選擇自殺的話，妳的故事就到此爲止，謝謝收看了！」我把結論再度轉回自殺話題，我眞的希望可以幫上美少女的忙，也希望今天這一餐不是美少女的「最後晚餐」。

不知道是因爲一道接著一道上來的美食，還是我一段接著一段的故事，總之，這「最後晚餐」讓美少女暫且打消了自殺念頭，她決定要繼續活下來。因爲「活著就有美食可吃，活著就有故事可聽，活著就有希望！」

美少女的最後晚餐（中）

事隔一年後，我這位「美食獄卒」再度接獲「最後晚餐」的特別任務，雖然這回美少女的沮喪程度並沒有上回來得嚴重，但她還是擺脫不了想要自殺的念頭。

當美少女來找我時，我先端詳了一下她的外表；她長得算是非常漂亮，精緻的五官，清爽的髮型，乾淨的穿著，所以我特別找了一家與她外表「精緻、清爽、乾淨」相符合的餐廳——「極品軒」來用餐。

「極品軒」是我當時才發現不久的好餐廳，餐廳賣的是口味道地的精緻江浙菜，不過油鹽份量比傳統江浙菜來得少一些，所以顯得格外清爽！「極品軒」的用餐環境也是同樣地清爽與乾淨，就像美少女的髮型與穿著。

當然，「極品軒」的最大特色就是色香味俱全。或許您覺得這是很籠統的形容詞，不過我想可以符合「看起來很好吃、吃起來更好吃」，足以同時滿足味覺與視覺的餐廳眞的不多！

我與美少女在「極品軒」的第一道菜是蔥燒鯽魚，這是擺在桌上的小菜。蔥燒鯽魚有著濃郁的蔥味，甜而不膩的口感讓美少女吃了之後露出滿意的表情，我心頭也放下一顆大石。

由於這蔥燒鯽魚是採用有卵的鯽魚，我原本想借題發揮、告訴美少女：「妳都還沒有結婚生子，幹麼想要去死呢？」不過顧慮到我自己當時也沒有結婚生子，又何苦拿自己還做不到的事情來要求別人呢？於是我就把我的話配上蔥燒鯽魚一起吞下肚裡。

接下來的菜餚是豌豆蝦仁，鮮軟的蝦仁搭配上翠綠的豌豆，眞的彷彿藝術品一般的美麗！據說這道菜要先用蛋白、玉米粉漿過，清炒後放入薑水、紹興酒去腥提味，才能讓蝦仁如此清軟。原本我想拿蝦仁爲題來爲美少女開示，不過吃著吃著，我又不知不覺把這段開示和著豌豆蝦仁一起吞下肚裡。

「極品軒」的子薑小排也是值得推薦的菜餚。這小排燒得香嫩入味、鮮腴滑潤、入口即化。此時美少女歪著頭等待我開示，不過我正在忙著分析這道子薑小排的成份。嗯……這子薑小排的調味料除了蔥、薑、酒、冰糖之外，我似乎還吃出蠔油與當歸的味道。

在「極品軒」「最後晚餐」的「最後一道菜」是玫瑰酒釀湯圓。好戲果然在後頭，這湯圓還沒端上桌，我們就已經聞到令人神往的桂花香味。端上桌來，只見那清澈的湯裡浮著白嫩的蛋花、糯米以及四顆珠圓玉潤的大湯圓。咬下湯圓可見橘橙橙的金桔醬以及白芝麻、南瓜子，無論是視覺與味覺無疑都是上乘的享受！這碗玫瑰酒釀湯圓果然讓美少女如癡如醉、大聲叫好，臉上露出有如玫瑰色的愉悅光暈，而且一碗不夠，她又加點了第二碗。

由於我整個晚上都只顧著享用「極品軒」美食以及分析、詢問這些美食的成份，所以我並沒有跟美少女「開示」，也沒有講任何勸阻美少女不要自殺的勵志話語。在這餐快結束之前，我突然發現美少女流露出「期待開示」的神情。

果不其然，美少女在吃到第八顆玫瑰酒釀湯圓時，終於打破沉默說：「于姐，請問這碗玫瑰湯圓有著什麼樣的人生啓示呢？」我口裡還嚼著湯圓，緩緩地說：「人生就像『極品軒』，越到後面越香甜！妳至少還有六十年時間可以享受美食，妳可要好好活下去！」這句話說得挺中肯、也挺貼切地，不是嗎？

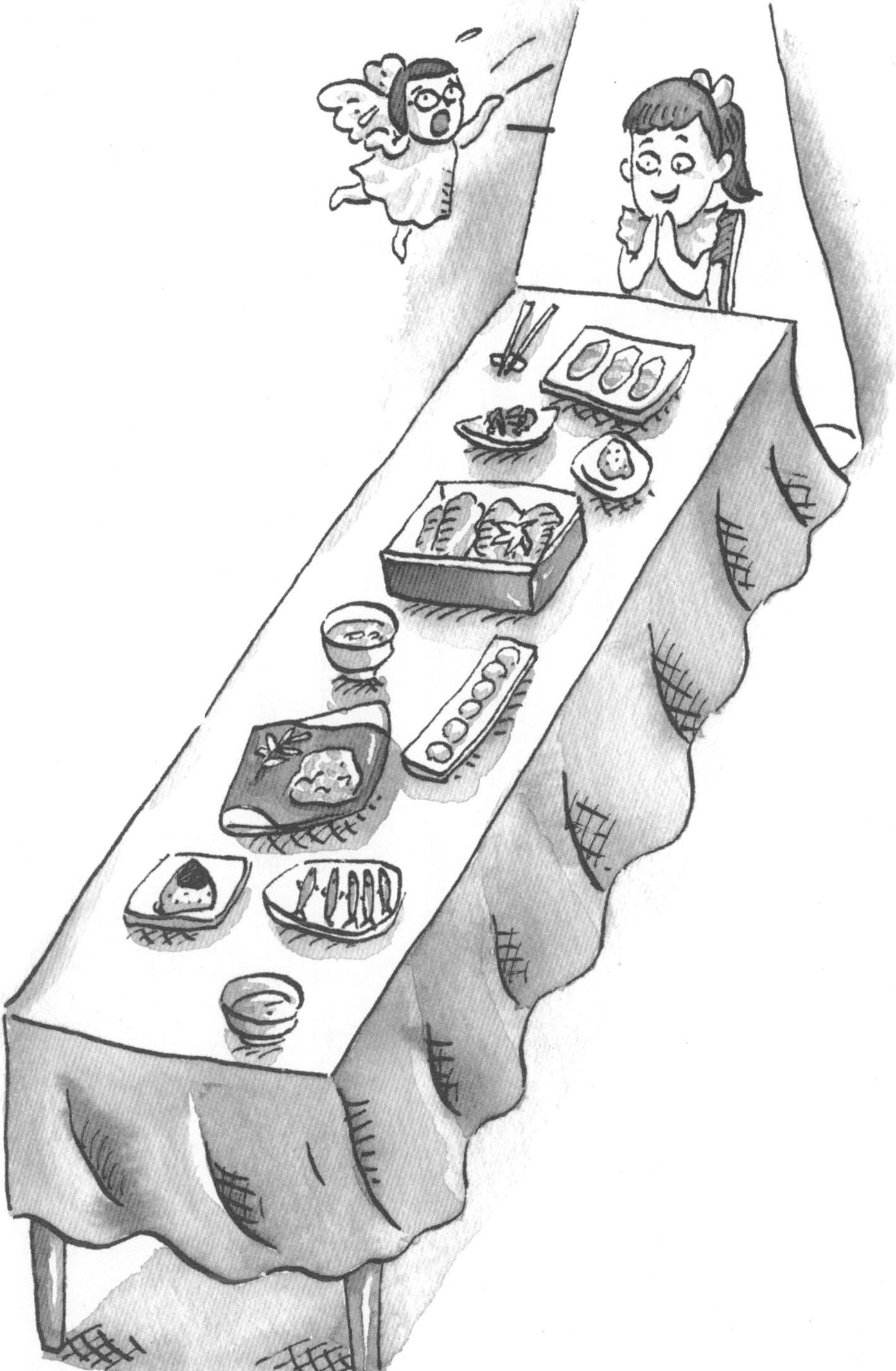

美少女的最後晚餐（下）

輾轉又過了半年，我又接到美少女「最後晚餐」的邀約，不過我這次已經沒先前兩次那般大驚小怪，因爲我想任何人在這輩子應該都或多或少曾經有過輕生的念頭，連我自己也不例外。

在美少女來電之前的半年，其實我的人生也正面臨低潮，我的生活十分不順遂。我成天在思索著到底有那些事物值得讓我繼續「存活」在這個世界上，最後我所得到的答案是家人、理想以及食物。

在我最不開心的時候，我曾經列出了我的「食物戀」清單，我覺得一定要吃到這些美食，我的人生才算夠本，才可以放心地「好好去死」。不過要把這份清單上頭的餐廳吃完，至少需要三個月時間才夠！於是我又多爭取到三個月的時間可以活、可以好好調適自己的心情。

平心而論，美少女這次的「症狀」並不算嚴重，我想前兩次「最後晚餐」的經驗應該也讓美少女成長了不少，所以她現在居然敢「號稱」自己已經完全擺脫自殺念頭了。不過，這句「號稱」的背後卻附了一個可怕的小但書：「雖然我不會尋死，但是我也不怎麼想活！」於是我決定帶她去吃一家足以增加生命續航力的「和幸日本料理」，這是我當時最愛的餐廳，餐廳的牆壁上還有我的簽名。

沒想到我們去得太早，「和幸日本料理」根本還沒開門，於是我們只好被迫沿著林森北路探險，看看能不能找到一家好吃的餐廳。

走著走著，我們居然只找到一家已經開門營業的陌生餐廳，這餐廳賣的是當時我們都未曾聽聞的日式燒肉，於是我就慫恿美少女跟我一起來段美食冒險，我說：「如果日式燒肉店好吃的話，妳可以不要去死嗎？」美少女想也不想立即回應：「當然可以！但是……如果難吃的話呢？」

「沒關係~如果難吃的話，我去死！」憂鬱的我也是想也不想地說著。

這家日式燒肉店叫做「七條龍」，我們坐定位之後，老闆娘就幫我們燒起了炭火。這對我而言，是非常特別的經驗，我那時還不知道日式燒肉要由客人自己烤來吃，不過這炭火突然讓我聯想到一個笑點：「兩個憂鬱的人居然選到一個必須要『燒炭』的餐廳，這莫非是天意嗎？」於是我們兩人就大笑了起來。

第一道菜是羊小排。我們把羊肉烤至四到五分熟，這時的肉質特別柔嫩香甜，等吃到剩骨頭時，還可以回鍋再烤，把羊肉烤到全熟微焦，就可以品嚐到酥脆的骨邊肉。

第二道菜是牛舌。這裡的牛舌口感非常有彈性，而且有微微的甜味，搭配店家的鹽蔥一起吃，更是襯托出牛舌的獨特口味。不過我們吃完了好吃的牛舌之後，我發現這家店除了我們兩人，居然還是沒有任何客人上門。

人就這麼奇怪！就算某家餐廳的東西再好吃，但是當您發現沒有其他客人跟您一起享用，您就會開始懷疑自己的判斷力，懷疑自己所認爲的好吃只是自己一廂情願的想法罷了，於是原本覺得好吃的滋味也會開始難吃了起來。

因爲沒有其他客人，讓我們兩人覺得異常沮喪，所以我又多點了幾道菜，而且我還開始玩起了炭火來。

這時我發現美少女的臉龐在炭火的映襯下，眞的是青春洋溢、好看極了！於是我告訴她：「像妳這麼美好的生命應該要被留下來才對！只要妳對人世間還存在著依戀，妳就不會想死！」

雖然我這句話是對著美少女說的，其實也算是說給自己聽、為自己打打氣！我對人世的確充滿著依戀，尤其是「食物戀」！我想這個世界還有這麼多美好的食物，我都還沒享用過，所以我一定要好好活下去！

其實我也忘記我們接下來吃了哪幾道菜，我只記得我們每吃完一道菜，店裡就會增加幾位客人，所以等到最後一道菜上桌時，美少女的臉上露出非常神奇的表情。這是我過去一年半以來從未看到的表情。我不知道該怎麼形容這種表情，我只知道這種表情充滿了生命力，代表了自信、代表了自我悅納，甚至還參雜了一些小小的驕傲感。

美少女的眼睛似乎發出了萬丈光芒，套句歐普拉的名言來形容，這種眼神就叫做：「Oh~ It's so bright that burns my eyes!」於是我順著美少女的視線來尋找答案，結果我回頭一瞧，發現店門口已經出現了大排長龍的隊伍，天啊！少說也有幾十個人在排隊！原來排隊的人群就是美少女眼神光芒的答案！

「『七條龍』從空無一人到大排長龍」這件事情給予我們兩人極大的鼓舞，美少女更是心情好到尾巴都翹了起來，她得意洋洋地說著：「哈哈~我們果然是福星高照、而且判斷力驚人！隨便找，也可以找到大排長龍的餐廳！」

「也許妳的人生目前正面臨『空無一人』的窘境，但是妳若不給生命一個機會，妳就沒機會可以一睹『大排長龍』的盛況！」我趁著這個大好機會來對美少女開示：「妳一定要好好地活下去，因爲活著就有希望，掛了就沒希望！」

美少女用力地跟我點一點頭，露出再燦爛不過的笑容，那個笑容眞的好美、好美！我很高興她終於下定決心要好好留在這個美好的世界上。

從那晚美少女愉悅地踏出「七條龍」之後，她從此就再也沒有把「死」掛在嘴邊。掛在嘴角上的只有那充滿自信、青春洋溢的笑容。雖然我們偶爾還是會相約吃飯，但是這飯局的名稱已經不會再叫作「最後晚餐」了！

媽媽愛很大 歡樂親子餐

吃美食會讓人心情快樂，
做好吃的料理給心愛的人吃更是一種幸福！
快用「愛」當調味料，烹煮一道道以愛爲名的美食，
讓你的心意傳進對方的心，讓彼此之間關係更靠近！

太上老君滷牛腱

美食家——王宣一小姐是我東吳大學中文系的學姐，她與老公詹宏志是台灣藝文圈最著名的美食夫妻檔。王宣一從小就喜歡待在廚房，跟媽媽學習那含蓄、婉約且深沉的杭州菜；所以她練就了一身好廚藝，而且還寫出台灣這十年來最棒的一本美食書《國宴與家宴》。

在去宣一姐家作客之前，我就聽過很多人對她的「滷牛腱」津津樂道，甚至還有一位朋友用極爲誇張的口吻跟我強調：「王宣一的滷牛腱可不是一般的滷牛腱，她是用文火燒它個三天三夜才起鍋，那種入口即化的極品美味絕對不是三言兩語可以形容！」

聽了這麼多朋友對宣一姐的滷牛腱之誇讚，我的腦海突然浮現出一連串的奇幻景象。我想她滷牛腱的鍋子就好比太上老君的煉丹爐，一旦鍋蓋打開後，會不會蹦出一隻火眼金睛的孫悟空來？於是我就擅自爲王宣一的滷牛腱取了個名字——太上老君滷牛腱。

那天我終於來到宣一姐家，親自品嚐她的太上老君滷牛腱。據說她家規定這滷牛腱不可以拌麵，只能拌飯。不過原因為何，我並未細問，我只知道這滷牛腱果然名不虛傳，「入口即化」對它只是最簡單的形容詞而已。

我問宣一姐：「江湖上盛傳這滷牛腱必須煮它個三天三夜，這個傳言是不是眞的？」宣一姐倒也不藏私，親口證實了這個江湖傳言。原來滷牛腱第一天先要把牛筋牛肉分開燉煮，燉得有點爛就關火，擱到第二天分別用慢火再煮。到了第三天，再將牛肉牛筋混成一鍋，加上冰糖，最後用大火收乾才算大功告成！

「請問滷牛腱的究極奧義是什麼？」對於美食求知欲甚高的我，不客氣打翻煉丹爐問到底，就是要問出太上老君滷牛腱的好吃秘訣。

宣一姐見我極有誠意，所以也十分爽快地直指核心，她帶有禪意地對我說：「好菜重在選料精，我母親踏遍全台北，才在和平東路找到最上等的前腿花腱，所以秘訣在於選肉，其它並無訣竅。」

離開宣一姐家，我的內心十分澎湃！我也希望能夠做出跟太上老君滷牛腱一樣好的滷牛腱，不過我知道我這個人就是懶，我根本沒有耐心用三天時間來做滷牛腱。而且我一直篤信「『把菜做好』不如『讓菜好做』」的于氏懶人哲學，所以我下定決心要開發出一道可以在兩小時之內完成的滷牛腱。

不過跟以前不同，我這回並沒有爲這道尚未開發的菜餚先取道響亮的名字，因爲我不知道太上老君的下聯應該是什麼。

在經過無數嘗試與失敗之後，我終於在一個月之後開發出懶人版的滷牛腱。雖然味道還是比不上宣一姐出神入化的太上老君滷牛腱，但是吃過的人也讚不絕口！

像「新聞挖挖哇」的導播就因爲這一味，至少對我說了八百次感謝。因爲她在跟我學會此道菜前，他們家已經很久沒有全家人一起吃飯了。但是學成之後，她們全家從此和樂融融，可謂是功德無量的滷牛腱啊！

當時Max和Mina只有一歲多，尚未吃過牛肉，所以我決定把我的懶人版的滷牛腱當成他們兄妹倆的「牛肉初體驗」。Max楞頭楞腦，吃了之後沒啥反應，但是Mina吃了過後，從此就愛上了牛肉。兄妹倆人的身高也就分道揚鑣，愛吃牛肉的Mina從那時開始到現在，她一直都比哥哥Max長得高，而且在同齡的孩子中，她也一直是全班最高的小朋友。

或許您看到這裡，會好奇美人神奇的懶人版滷牛腱作法到底爲何？好吧！我也不藏私，美味就在這裡大方跟大家宣佈啦！

美人私房菜

懶人版美味滷牛腱

材料：

首先您要準備5～6條牛腱、冰糖1碗、黃酒1碗、醬油約2碗（視個人口味鹹淡不同）、滷包1包以及兩碗8分滿的水。

作法：

一、先將牛腱汆燙後，每條牛腱切成3塊備用。

二、將切好的牛腱放入快鍋中，把醬油、米酒與水一股腦地放入，煮滾時記得撈除浮沫雜質。

三、繼續再煮滾10分鐘之後將滷包放入鍋內。請務必記得5分鐘後，一定要把滷包拿出來，這是大家最容易忽略的步驟。

四、接著再用小火煮個20分鐘之後再放入冰糖。請切記冰糖是最後才參與的調味料，如果一開始就放冰糖，這鍋牛腱味道就不對了！

五、最後蓋好蓋子，轉成小火，再燉個40～50分，熄火待涼，第二天只要再滷個30分鐘，就可以完全入味！

寫到這裡，我突然想到一個好創意，爲我的懶人版滷牛腱取個響亮的好名字，乾脆就叫「長腿姊姊滷牛腱」好了！因爲這道菜最忠實的擁護者——Mina直到現在都還是班上最高的長腿姊姊呢！

牛肉的生命教育

前一篇文章提到Mina在一歲多時，因爲吃到我那味「長腿姊姊滷牛腱」，從此就愛上牛肉。而且除了滷牛腱之外，她還喜歡吃各式各樣的牛肉料理。

某年父親節，我問孩子們想送給爸爸什麼樣的驚喜？Max按鈴搶答說：「我們一起來做道豐盛的晚餐給爸爸吃，好不好？」Mina則隨即附和：「那主餐就是牛排囉！」

於是Max和Mina就興高采烈地進入廚房幫忙，一個小時之後，我們母子三人就一起聯袂完成四份鮮美多汁的好吃大牛排。

就在我們的「歡樂父親節晚餐」開動後不久，Mina突然喘不上氣，小臉蛋漲得通紅，表情十分痛苦，眼神也開始渙散，就像快要死掉的樣子。這下子可是讓我們全家慌亂成一團。幸好我老公James是領有執照的紅十字會救難員，他在千鈞一髮之際救回了Mina。

原來Mina太喜歡牛肉了，所以她第一口就呑進她的小口根本無法負荷的大塊牛排，因爲事出突然，她想要硬呑，於是整塊牛排就硬生生地哽在她的喉嚨裡，讓她無法呼吸。

因爲這樁讓全家印象深刻的「要命牛排事件」，讓我決定要爲Max和Mina上一段生命教育課程。當然~我也知道爲孩子上生命教育對父母親而言，是件困難的事情！因爲光跟孩子提到「死亡」這檔事，他們一定會害怕、而且還會因此哭得沒完沒了，根本不可能聽進大人所說的任何大道理。

不過我覺得生命教育是每個人都必須面對的事情，因爲我們的世界就是這樣，意外說來就來，生命說走就走。你永遠不知道是明天先來，還是無常先來；所以我藉由Mina這次的風波，嘗試著讓孩子們瞭解生命無常的道理。我說：「妳連吃著妳最愛吃的牛肉，居然還是會發生這種事情！如果爸爸不是紅十字會救難員，我們也許就救不回Mina呢！」

後來經過幾次母子交心之後，Max和Mina終於明白我的苦心，所以當我問他們：「你們愛媽媽嗎？」孩子會異口同聲地說：「愛！」我接著問：「如果有一天媽媽會先走，你們要如何繼續愛媽媽呢？」孩子聽了這句話，依舊是壓抑不住自己的情緒，嚎啕大哭了起來：「媽媽~我們不要你死！」

通常生命教育課程都是在孩子的哭聲中草草結束，因爲孩子大哭之後，爲人父母者往往會心軟到不知所措、不願意繼續談下去。不過此時我卻是鐵了心、執意繼續上課：「可是上帝有祂的安排，無論如何，你們繼續愛媽媽的方式就是好好活下去！」沒想到，孩子們的哭聲居然停歇了，我猜他們似乎領悟了生命的道理。

孩子的領悟讓我十分鼓舞，於是我又接著問他們：「如果有一天，你們比媽媽先走，媽媽一定會非常傷心，那媽媽又該如何繼續愛你？」Max和Mina篤定地回答我：「妳也要好好活下去！」

於是我們三人就約定好無論誰先走、誰後走，對方都要用同樣的態度來面對生命。無論如何，我們都要好好活下去！

二〇〇八年春天，大爺離開了我們。在大爺葬禮的當天，我媽媽也爲我們全家人上了一堂很棒的生命教育。

那時我們在準備大爺葬禮的腳尾飯，兄妹之間因此發生了一段小小的爭執。因爲大爺很疼我們，他曾經說過只要是跟我們大家一起吃的食物，他都愛吃。

也就是這個原因，所以到了大爺離開人世那天，我們還是搞不太清楚大爺最喜歡吃的

美食是什麼？我認爲是他晚年最常吃的紅燒肉，我妹則認爲是小時候常吃的白帶魚。

就在我們講不出個結論的當下，媽媽突然跳出來主持公道：「如果哪一天我走了，你們不要去猜測我喜歡吃什麼！現在每個人給我仔細聽好！我現在就要『點菜』了！你娘最愛的就是白斬雞，以後千萬不要拜錯囉！」

雖然媽媽這句話讓哀戚的大爺葬禮，氣氛變得突然歡樂了起來。不過我們覺得這是一則讓我們全家人都受用的最佳生命教育。所以在回程時，Mina也仿效我媽剛才的台詞問了我一個問題：「媽媽，如果眞有那一天，妳會拿什麼拜我？」我也不以爲忤立即回答：「妳這麼喜歡吃媽媽做的滷牛腱，當然就是拿滷牛腱來拜啊！我不會拜錯的，放心！」

媽媽的營養愛心便當

在我從高職畢業，一直到結婚的十幾年中，我都不曾帶過便當，因爲便當在我的潛意識裡等同於小孩子的代名詞。不過當我結婚之後，我又開始做起便當，有時是爲了自己，有時是爲了老公，如果便當色香味俱全的話，我也會把便當給同事吃。所以我有個于氏順口溜：「便當便當，自己快樂、別人沾光。」

因爲我自認廚藝高超，所以總覺得任何便當都難不倒我，我甚至還有能力在短短十幾分鐘內準備出讓十幾個人吃飽的便當菜。不過我對於便當的自信在二〇〇五年面臨極爲嚴峻的考驗。因爲Max與Mina的加拿大幼稚園老師居然要求他們隔天要帶便當來上學。

這考驗之所以嚴峻，主要是因爲兩個原因，一、我的小孩當時才五歲，他們從來沒有吃過任何便當。有誰知道五歲小孩該帶什麼樣的便當去學校呢？二、當時我們全家都在加拿大溫哥華渡假，我也不知道加拿大的小朋友都吃什麼便當。

正當我在爲便當菜煩惱時，Max用他的小孩直覺告訴我：「媽咪，我猜班上其他小朋友一定都帶三明治，妳要不要也幫我們準備三明治呢？」不過我並沒接受Max的建議，因爲我覺得孩子的便當就代表著媽媽的愛心，我一定要在便當裡做出母親的味道。

我承認當時的確想太多，我把便當無限上綱到一種非常恐怖的層次，覺得Max與Mina人生史上第一個便當是我非常大的考驗。我很擔心自己做了一份不稱頭的便當，讓孩子們在加拿大丟臉，而且也丟盡台灣的臉。

不過我胡思亂想到一個盡頭後，突然又回到現實世界來。「便當就是把飯菜裝在便當裡嘛！有什麼了不起的呢？」我堅定地告訴自己。我想，便當裡頭應該就是裝一些Max與Mina平常喜歡吃的菜就好，其他眞的不要想太多！

於是我準備的便當內容如下，各位家長們日後也可以參考一下。

美人私房菜

媽媽的營養愛心便當

一、滷雞腿。

二、泡豆腐與泡蛋（這是我在溫哥華時期的大發明，我用「泡」來代替「滷」。用醬油、水、糖，加一顆八角煮開後，再放進水煮蛋和豆腐泡半小時，便可以讓豆腐與蛋充分吸取汁液，吃起來香Q滑順。

三、煎豬排（醃肉料是柴魚醬油和七味粉）。

四、茭白筍絲冬粉。這是一種吃起來毫不油膩，口感類似涼拌菜，非常適合放在便當盒裡頭的蔬菜。

以上就是Max與Mina人生史上的第一個便當菜單。雖然份量好像多了一點，但是都是他們平常愛吃的菜色，所以孩子們也都很開心地帶著便當去上學。不過孩子出門之後，我又開始陷入莫名其妙的緊張中，因爲我不知道幼稚園其他小朋友到底都是帶什麼便當上學？幼稚園老師又會如何看待Max與Mina的便當呢？

由於太在乎便當的成敗，所以讓我心情紛亂無比，便跑去附近公園閒逛，然後又偷偷跑去一家現做的巧克力專賣店，買了一堆巧克力來安撫自己的緊張情緒。

終於等到下午四點，孩子們放學回來了。我心急地問Max與Mina：「老師有誇獎你們的便當菜色嗎？」

Max與Mina的臉上沒有任何表情，他們只是輕描淡寫地回答我：「媽咪～妳準備的便當實在太誇張了！」

「那……那……老師怎麼說呢？」我緊張地問著。

「老師什麼都沒說，她只是嚇了一大跳！因為其他小朋友的便當根本都不是這樣。」Max老實地回應。

「那其他小朋友的便當都帶了些什麼呢？」我緊張地追問著。

結果Max與Mina的答案讓我非常意外，原來加拿大媽媽所準備的便當都很簡單明瞭且自然率真。正如Max的直覺一樣，絕大部分的便當都是三明治，或者是直接了當地放了一根香蕉與一顆蘋果。甚至還有一位媽媽在便當盒裡裝滿了爆米花呢！

芝麻糊的故事

在我孩子剛出生不久，有位專家曾經跟我說：「許多大人吃起來覺得還不錯的東西，小孩子往往都不太愛吃！因爲小孩子的味蕾遠比我們想像中的豐富，食物只要有一點味覺上的差異，小孩子立即就會察覺出來。」

我很認眞地接受這位專家的建議，所以心想一定要好好保護小孩的味蕾，盡量不讓他們吃烹調口味太重（太鹹、太酸或太辣）的食物，也絕對不讓他們養成吃重口味食物的習慣而破壞了味蕾。

除此之外，我也試著讓Max和Mina多去品嚐一些美食，讓他們的味蕾能夠多感受一些好滋味。而且我也不讓Max和Mina吃到摻有太多人工添加物的食品，免得他們失去品嚐食物原味的能力。

某天Mina跟我在電視上看到了『無米樂』紀錄片的主角——崑濱伯的故事，她知道崑濱伯是台灣第四屆的冠軍米王，所以她嚷著要吃崑濱伯的冠軍米。不過我不知道該從哪裡弄來冠軍米，所以就隨口跟Mina說：「冠軍米跟一般米沒啥兩樣！只有眞正的專家才能區分出冠軍米與一般米的不同，因爲媽媽跟妳都不是專家，所以我們一定吃不出來什麼是冠軍米，什麼不是冠軍米。」

過了一年後的某頓晚餐，Mina突然興奮地對我大叫：「媽咪~我們今天吃的飯應該就是冠軍米吧！眞的好好吃喔！」在那剎那間，我眞的整個人都傻住了！因爲我那天煮的是花蓮林龍星先生的池上米，林龍星先生跟崑濱伯一樣，都曾經是冠軍米得主呢！（備註：林龍星是第二屆冠軍米王）

不過當我回過神來時，我突然覺得好開心、而且開心得快飛上天。因爲我內心感到非常地驕傲，我的孩子居然可以擁有如此敏銳的味蕾。

Mina與Max除了可以吃出冠軍米，他們也能分辨出不同廠牌的牛乳口味。不過最讓我欣慰的是，Mina與Max絕對不會像肯德基炸雞廣告一樣，要賴地用「這不是肯德基、這不是肯德基~」爲由而挑食。他們多半都會靜靜地吃完食物，然後再說這食物口味的不同之處。

某天Mina到同學家玩，同學的媽媽請他們吃即時沖泡的芝麻糊。Mina很有禮貌地把芝麻糊全部吃完之後再作評論：「這碗芝麻糊跟我家的芝麻糊『好像』有點不同！」

不過這位同學的媽媽聽了之後似乎有點動怒，連忙問道：「芝麻糊就是芝麻糊！能夠有什麼不同呢？」於是Mina就像政府發言人一樣，不疾不徐委婉地說：「我家的芝麻糊比較香、濃、滑、順。」但是這位媽媽還是不能接受地要求Mina：「那麼妳去問妳媽媽，她買的是哪一個廠牌的芝麻糊？或者下次帶碗芝麻糊給我嚐嚐看！」

Mina沮喪地回到家，跟我提起芝麻糊的事情。她說她實在是回答不出芝麻糊廠牌的問題，因爲她從來沒在家裡看過任何芝麻糊的包裝。

其實我從來不吃沖泡的芝麻糊，因爲我一直擔心市售芝麻糊有人工添加物，會破壞我孩子的味蕾，所以他們從有記憶以來，都是吃我自己現做的芝麻糊。

我家的芝麻糊其實非常費工，唯一的秘訣就在鵝油。我會用鵝油把黑芝麻炒香，然後加上米，用石磨慢慢磨出來。最後再將黑芝麻米漿用小火慢煮，全程不停地攪拌至煮滾，才算大功告成。

用了耐心與愛心做出來的芝麻糊眞的是不一樣，尤其是味蕾比我們大人更好的小孩最是能察覺其不同之處。所以我特別煮了一鍋芝麻糊給Mina，讓她帶去同學家招待大家吃。果然跟Mina同齡的同學只要輕嚐一口，立即就能夠察覺出兩種芝麻糊的差異。

總之，對於美食，孩子的味蕾最清楚！所以奉勸各位讀者，朋友在孩子還小的時候，要嘗試培養他們的味蕾，讓他們擁有品嚐食物原味的能力。但更重要的是，千萬不要讓孩子過早養成「曾經滄海難爲水」的習性，進而挑食，成爲不可愛的小孩。

紅葉蛋糕與楓葉蛋糕

我對於蛋糕的第一個印象就是台北市的「紅葉蛋糕」。「紅葉蛋糕」的歷史跟我的年歲差不多，它是台灣鮮奶油蛋糕的始祖，也是我的蛋糕啓蒙。從三十幾年前我在小學六年級第一次吃「紅葉蛋糕」開始，一直到現在，我每年生日一定要買一個「紅葉蛋糕」來慰勞自己。「紅葉蛋糕」就跟我家除夕夜的金元寶一樣，是永遠不變的美食儀式。

「紅葉蛋糕」的好吃就在鮮奶油，這要歸功於紅葉許老闆對於品質的執著，他堅持要採用以牛奶提煉的新鮮鮮奶為素材。不過我這十幾年才發現「紅葉蛋糕」的蛋糕本身似乎更好吃，所以現在都指定要吃沒有鮮奶油的紅葉清蛋糕。

因爲「紅葉蛋糕」的啓蒙，所以我這輩子一直都酷愛蛋糕，而且以追逐台灣各地的好吃蛋糕爲樂。不過我一直沒有自己試著作蛋糕的打算，雖然我經常出現在台灣各大五星級飯店的蛋糕烘焙課堂上。但是我必須坦承，我是「醉翁之意不在酒」，我只是藉機多吃一些烘焙師傅親自做的蛋糕，或是偷吃同學的蛋糕作品，這樣也是一種不賴的品嚐美食方式！

其實我眞的搞不清楚我當初的心態爲何？我明明這麼喜歡吃蛋糕，但是我爲何不願意好好學習做蛋糕呢？我可以爲了鑽研做菜的技巧而跑遍大江南北，但是卻爲何不願意好好研究一下蛋糕的烘焙呢？

因爲某個機緣，我終於被迫要好好學習做蛋糕了。那是一個日本家常菜的烹飪課程，但是課程上到一半，烹飪老師突然要求我們製作「奶油草莓慕斯捲」；既然老師都這麼交代了，那麼身爲學生的我又怎麼能推託呢？所以只好硬著頭皮做起了蛋糕。

只是萬萬沒想到！我先前那些自認可圈可點、水準之上的料理作品，老師全都視若無睹，好像我做的是完全透明的隱形作品似的！不過他對於我做的「奶油草莓慕斯捲」卻是讚譽有加！老師說我的作品光從外觀來看，就已經到達足以上電視表演的專業水準！至於口感，他也豎起大拇指，用「滑潤順口」來作爲我作品的註腳。

各位要知道，我這位老師可是在日本綜藝節目『料理東西軍』經常會亮相的那位明星級老師，我的作品能被他誇讚到這種地步，可見我製作蛋糕的天份之高！

不過天份高又如何呢?下了課之後，我還是照樣把做蛋糕這回事拋在腦後，我依舊不想在家裡做蛋糕。至於這其中心結爲何，我也搞不清楚，也許是……我很懶吧！而且，我覺得找到好吃的蛋糕比做出好吃的蛋糕實在是來得容易多了！

眞正讓我下定決心要在家裡做蛋糕，是我在溫哥華放長假的時候。因爲當時我借住的地方有一個功能不差的大烤箱，但是它卻不是讓我下定決心要做蛋糕的主因。我總是喜歡對著大烤箱沉思低語：「做蛋糕?不做蛋糕?做蛋糕?不做蛋糕?」然後「不做蛋糕」永遠佔了上風。

某天Max和Mina的幼稚園老師突然下了一道指令，要求家長要在孩子生日那天「自製」幾十個小蛋糕來招待其他小朋友吃。什麼?!一定要「自製」蛋糕才行?不能去蛋糕店隨便買一買來交差啊?

幼稚園老師的指令，讓我一下子就陷入了焦慮中。我想起Max和Mina在台灣讀幼稚園時，每逢他們生日（Max和Mina是雙胞胎，生日當然是同一天！），我都會準備好「紅葉蛋糕」送去幼稚園。但是加拿大不但沒有「紅葉蛋糕」，老師還規定這蛋糕必須由家長「自製」，這叫我該如何是好呢?

後來我馬上恢復了冷靜。我想到我在日本曾經以「奶油草莓慕斯捲」獲得烹飪名師的讚譽有加，再加上現在家裡有這麼好的大烤箱，眞的是不用白不用！於是我的「蛋糕魂」就這麼燃燒了起來。

我決定要做加拿大小朋友最喜歡吃的「杯子蛋糕」。杯子蛋糕是跟小杯子一樣的小蛋糕，只要使用現成的「Betty Crocker」蛋糕粉，按照說明書一步一步來，幾乎都不會失敗！

孩子的「蛋糕魂」也被我點燃，他們希望跟著我一起做杯子蛋糕。Mina幫忙塗奶油、Max幫忙放紙杯，我老公James則負責試吃。其實我原本還想「偷渡」一下，在每一個杯子蛋糕上加上我最愛的鮮奶油，不過孩子們並不同意，他們很有節制地說：「媽媽～不行！吃這麼多鮮奶油會發胖！」

最後我們全家人一起完成了七十二個有模有樣，看起來非常好吃的杯子蛋糕。在製作過程中，孩子們顯得非常興奮，而我也覺得幸福滿溢、很有成就感！

雖然這個杯子蛋糕是過去三、四十年來我家第一個「非紅葉蛋糕」的生日蛋糕，但是我們所獲得的滿足感並不遜於紅葉蛋糕所帶給我們的喜悅。

不過這麼有份量、這麼有感情的大滿足蛋糕怎麼可以取「杯子蛋糕」這麼遜的名字呢？於是我左思右想，終於從窗外的楓紅尋得靈感，嗯～就把這蛋糕命名爲「楓葉蛋糕」好了！這可是代表著全家和樂融融的「楓葉蛋糕」呢！

棗點做好事蛋糕

因爲受到「楓葉蛋糕」大成功的鼓舞，所以我開始對於自製蛋糕有著濃厚的興趣。尤其是做出屬於自己創作的私房蛋糕。

某天我在溫哥華當地華文報紙上看到「棗子蛋糕」的食譜，所以我就照著食譜依樣畫葫蘆，想要做出一個跟「楓葉蛋糕」一樣成功的蛋糕。

不過這個棗子蛋糕似乎不怎麼成功，不但我自己不滿意，孩子們也不怎麼看好！就連「什麼都說好吃」的老公似乎也是一副勉強吃之的表情。所以我就再度燃起「蛋糕魂」，我想反正自己窩在家裡的時間這麼長，那麼我爲何不以「神農嚐百草」的精神，每天實驗一種蛋糕配方，看看能不能做出全家人都公認好吃的私房蛋糕呢？

經過多次實驗，最後我將原本的棗子改成加州蜜棗，讓蛋糕口感更有纖維質，而且麵粉的比例也予以調整，讓蛋糕變得更爲紮實，多吃幾個也不會膩。而且我還根據我的懶人習性，把作法精簡成爲懶人版，讓別人在家裡也可以輕易做蛋糕。

當我收假回台灣上班之後，偶爾會在電視節目中聊起這個私房蛋糕，沒想到卻引起廣大觀眾朋友的好奇，紛紛要求我提供蛋糕的配方，或者直接問我，這蛋糕哪裡可以買得到？

在眾人反應熱烈的同時，我也發現了一個問題。就是我這個私房蛋糕其實並不太好做，根本稱不上是什麼懶人版。很多朋友跟我反應，他們用這配方在家裡自己做，多半都落得「黯然銷魂大失敗」的命運。

於是乎，我又興起另外一個念頭：如果我可以把這私房蛋糕的配方交給五星級飯店的大廚師來製作，而且讓專業營養師調整一下蛋糕成份，讓這蛋糕可以更好吃、吃起來更健康！這豈不是更棒嗎？

不過我的想法沒持續多久，就因爲忙碌無疾而終了。直到二〇〇八年的跨年夜，我與一些好朋友突然聊到了花蓮門諾醫院，我跟他們說門諾醫院有個「老人照顧社區計劃」需要不少經費，所以有人便想到了我那個沉寂已久的「私房蛋糕」，於是我們異口同聲地決定要用這個「私房蛋糕」來爲花蓮門諾醫院募款。

那是一個奇妙的跨年夜。好好的一個跨年夜居然被我弄成了「工作分配大會」，我們開始討論誰來做蛋糕？在哪裡賣？賣給誰？訂價多少？蛋糕要取什麼名字？要如何包裝？如何宣傳？目標要賣幾個？蛋糕如何運送？最重要的是，這個蛋糕到底能幫上花蓮門諾醫院多少忙？

就在送走二〇〇八年、迎來二〇〇九年的那瞬間，在場所有朋友都被我分配了工作。我的資深媒體人朋友——許心怡算是這晚的頭號苦主，因為她當時「無業」，所以就被迫接下統籌一職。我的好友、也是美食節目主持人的吳恩文先生也被迫挖出他的行銷公關專長，負責宣傳這個蛋糕。

後來參與這個計畫的英雄好漢就如同「滾雪球」一樣越來越多，台灣知名的六星級飯店——六福皇宮聽到我的計畫之後，也慷慨地表示要「捐出」設備，以及獲獎無數的陳清海主廚來協助我們製作蛋糕。

知名設計師——眼球先生也義務為我們設計出超級可愛的蛋糕包裝盒。還有營養師謝宜芳、律師劉陽明、美食家費奇、陶禮君、徐天麟、主播方念華、時尚名人溫筱鴻、新生代女生柯佳嬿、張榕容也統統一起「下海」來支持這個計畫，最後連富邦Momo購物台及統一速達（黑貓宅急便）兩大企業也來贊助銷售平台，中廣、TVBS與及許多雜誌社則贊助時段與版面，爲這蛋糕提供行銷及宣傳資源。

對了～這個蛋糕最後也在朋友們七嘴八舌的熱烈討論下；擁有了一個非常響亮的名字——「棗點做好事蛋糕」。

這蛋糕原本就好吃到不行，口感紮實又綿密，多吃八口也不會膩，而且現在又有六星級飯店的夢幻主廚與營養師一起「加持」，使得這蛋糕的美味又朝「宇宙無敵」的目標邁進。

撇開好吃不談，這個蛋糕還可以作善事呢！每位消費者購買一個「棗點做好事蛋糕」，我們就會捐出一百元給花蓮門諾醫院，作爲老人社區的經費，所以這是一個代表著我所有朋友共同夢想的蛋糕，是一個在跨年夜當天沒好好跨年、只顧著開會想創意的朋友們共同打造出來的蛋糕。

我不知道「棗點做好事蛋糕」到底能爲花蓮門諾醫院「老人照顧社區計劃」募得多少經費，我只知道我們只要一起努力，總有一天可以完成夢想！如果我們連第一步都邁不出去，那麼我們永遠也無法到達目的地！

「棗點做好事蛋糕」哪裡買

（一）六福皇宮烘焙坊（一樓大廳）

（二）富邦 Momo 購物網 (http://www.momoshop.com.tw)

24小時訂購專線 0800-777-939

料理東西軍之——東方精選美食

經過廚藝比賽被大家認可的料理，
或是聲名遠播非吃不可的美食，
鐵定有它稱霸的獨特秘密！
這些料理不但色、香、味俱全，
更重要的是，它還有一味值得你細細品味的禪意。

蘭州牛肉麵，感恩啦！

這幾年由於鬧熱滾滾的臺北國際牛肉麵節之故，所以很多人都說台北是全世界的牛肉麵之都。不過也有另外一些人說中國大陸的蘭州才是正港的世界牛肉麵之都。

爲了比較台北與蘭州牛肉麵的差異，所以我特別帶著我老媽參加了以蘭州牛肉麵爲主的美食文化參訪團，希望可以體驗到另外一種風貌的牛肉麵美味。

這趟行程算是我老媽的「感恩」之旅，我媽雖然不是慈濟功德會的師姊，但是她在那幾天一直把「感恩」掛在嘴邊。

我媽眞的是一位很容易知足的人，酷愛麵食的她在那幾天每吃一口食物，就會開始跟在場服務人員說句：「感恩啦！你們怎麼會這麼貼心，知道我喜歡吃這些東西呢？還特別爲我準備呢？」

當她吃到正港的蘭州拉麵時，更是大聲驚嘆，接著又是鋪天蓋地的大呼「感恩啦！」

她覺得美食文化參訪團的工作人員實在是太神奇了！居然查出她喜歡「哪一味」，而專門準備這一味給她吃。

反正永保感謝心，常把感恩掛在嘴上也是一件好事，身爲女兒的我也不方便講些什麼。不過我想我媽大概是忘記我們本來就是參加美食文化參訪團，如果工作人員不安排我們吃些美食，那麼他們的工作職責到底是什麼？況且我們都來到蘭州了，如果不安排我們吃幾餐蘭州拉麵，那我們眞的是何苦來哉？

接下來就來談談這蘭州拉麵吧！牛肉麵好吃的關鍵就在牛肉與麵。先來說說牛肉的部份吧！

蘭州拉麵的牛肉都來自於甘肅南部與青海一帶。牛的個頭據說是短小精悍，能在海拔三千公尺以上、空氣稀薄的高山峻嶺間生存，想必牠一定是一隻不簡單的牛，而且肉質一定滿好吃。

而且牛隻也算是美食家，牠們除了吃高原無污染的純淨牧草與高山礦泉水之外，牠們還專挑一些野生好料來吃（像貝母，虫草、板蘭、紅花之類的藥種）。所以當地人說牠們屙出來的牛屎味道聞起來就像是六味地黃丸一樣。（註一）

連牛屎都能說出個典故，這牛果然是得天獨厚，難怪蘭州牛肉麵裡的牛肉軟中帶筋、滋味綿長，跟其他地方的牛肉口感完全不一樣。

再來說這麵吧！蘭州牛肉麵都是採用手工拉麵，麵條既不加鹽、又不加鹼，完全是用一種獨門秘方——「蓬灰」來增加麵條的柔韌度。所謂蓬灰就是當地的蓬蓬草，當地人把一整車的蓬蓬草放火豪邁地燒掉，剩下的灰燼泡水，把蓬灰水拿來和麵，成就了蘭州牛肉麵最獨特的風味！

或許您聽了我以上描述，會覺得像是個神話一般，不過我敢保證，正港蘭州牛肉麵的味道與口感都是我前所未有的全新體驗！我覺得蘭州牛肉麵好吃的關鍵其實還不在牛肉與拉麵，而是在蘭州人。

想想看，如果蘭州牛肉麵好吃的關鍵完全在於牛肉，那麼青海牛肉麵應該才是第一牛肉麵啊！如果蘭州牛肉麵好吃的關鍵全部在拉麵，那麼有產蓬蓬草的地方豈不個個都是牛肉麵之都？

蘭州牛肉麵之所以是牛肉麵極品的道理，就跟「雞生蛋、蛋生雞」一樣；因爲蘭州人實在是太愛吃牛肉麵了，所以他們一大早就會開始想吃麵，每家牛肉麵館都是早上六點半就開張，提供牛肉麵早餐。

就算早上吃了牛肉麵，還是覺得不過癮，所以蘭州大部分牛肉麵館整天都是人聲鼎沸。反正蘭州人就是秉持著「給我牛肉麵、其餘免談」的哲學，牛肉麵館生意好到必須要站著吃。

爲何蘭州人這麼喜歡牛肉麵呢？那也是因爲蘭州牛肉麵實在太好吃了！好吃到難以抗拒，好吃到讓我媽媽每吃一口蘭州牛肉麵都會搭配一句「感恩啦」的讚嘆。也因爲蘭州人支持牛肉麵，所以蘭州牛肉麵館都不敢怠慢，一定要把牛肉麵煮好，好讓蘭州人從早到晚都可以吃到。

其實蘭州牛肉麵跟台北牛肉麵的最大差異在於：蘭州牛肉麵口味不多，多半都是用蘿蔔、香菜以及十多種天然香料熬製的辣味牛肉清湯麵，而且麵裡的牛肉也不多，想要多吃一點、還必須另外再切。台北牛肉麵種類繁多，光是派別就至少有紅燒、清燉、蕃茄、蔥燒、麻辣、川味、沙茶、牛排、咖哩九種。

總之，我與我媽這趟美食文化參訪之旅非常地成功，我們可是大快朵頤地吃了好幾頓蘭州牛肉麵呢！我媽則是一本初衷忙著用「感恩啦！」來搭配牛肉麵，而我則一直暗中擔心，正港蘭州牛肉麵居然好吃到這種地步，那我回到台灣豈不胖個幾公斤才怪?!所以到了旅程的尾聲，我就開始咬緊牙關、刻意節食。無奈的是，當我回到台灣量完體重之後，發現體重不如我原本「預計」的至少要胖個六公斤之外，沒想到居然還瘦了兩公斤?!這樁怪事真讓我後悔莫及，沒有多吃幾碗蘭州牛肉麵呢！

（註一：一種流傳千年的中藥，可以降血壓、平衡血糖、調節新陳代謝功能。）

沙漠狂喜奶茶

其實我對奶茶沒有太大的愛好，通常是抱持著「既來之、則安之」的態度；好像不曾追逐過奶茶，反而比較偏愛咖啡與清茶。

記憶中，我跟奶茶的第一個故事發生在十幾年前，有位做行銷的朋友從國外打了通越洋電話給我，他在電話那頭的聲音只能用「狂喜」來形容。

「于姐，妳知道嗎？我剛才發明一個台灣從未出現……嗯……應該說是世界從未出現的嶄新飲料耶！哈哈哈～」朋友又驚又喜地大喊著。

「世界上獨一無二的飲料？趕快說來聽聽吧！我還蠻好奇的！」我也被朋友的情緒所感染，迫不及待地想要知道答案。

「妳聽好！如果我拿最頂級的綠茶加上最頂級的牛奶融合在一起，妳說這是不是一個很棒的嶄新飲料呢？我剛才已經試喝過一次，真的是太好喝了！」朋友如連珠砲地跟我分

享。

「那……你這嶄新飲料要取名叫什麼呢？」其實我被朋友的狂喜搞得有點困惑，因爲那聽起來似乎不是什麼大創意！所以只好隨口問問。

「好問題！我這引領全球的嶄新飲料就叫做『茶奶』！我已經把配方都擬好了，而且還寫好了上市企劃案囉！」執行力一流的朋友豪氣萬千地喊著。

「茶奶?!這算是哪門子嶄新飲料啊?!我問你，茶奶跟奶茶有什麼不同？光台灣，奶茶就有幾百種口味了耶！」我也算是老實，立即切入了重點。於是電話那頭突然沉默了許久，朋友似乎忘記這通電話是越洋電話。

「對不起……于姐，我眞的想太多了！」朋友悻悻然地掛上了電話，從此我們這則茶奶對話就成了我們取笑十幾年，也不會嫌老梗的經典笑話。

後來我也有個機緣去泰國廚藝學校學習最道地的泰國菜；泰國菜很好吃，每道菜都很下飯，但是泰國幾乎沒有胖子，我見過的每位泰國人幾乎都體態纖細，身材苗條。

我的醫生朋友曾經告訴我有關「吃不胖的泰國菜」奧妙之處，原來這奧妙就在泰國菜都是採用椰子油來烹調。雖然椰子是飽和油，但是它卻是中鏈脂肪酸，所以不會傷肝之外還能治B肝，最重要的是椰子油不會讓人發胖，也不會造成脂肪肝。

因爲泰國菜很難讓人發胖，所以泰國人當然有條件可以大喝泰式奶茶。泰式奶茶是一種有點甜又不會太甜，奶味十足卻又不會太膩的優質奶茶。所以于老師接著就要跟大家講泰式奶茶的作法。

美人私房飲品

不發胖好喝泰式奶茶

材料：

泰式紅茶葉2匙、熱水1000cc、煉乳或奶水則視個人口味而定。

作法：

（一）將泰式紅茶葉放入布袋中，沖入熱水。因爲紅茶渣很討厭，所以一定要過濾乾淨，免得吃到一口像是磚沙的茶葉。

（二）當茶出味之後就可以加入適量煉奶或奶水。

雖然泰式奶茶作法簡單又好喝，但是它並不是我最難忘的奶茶，因爲我在印度曾經喝過一次讓我難忘終生的奶茶。

第一次去印度旅遊，導遊建議我們參加「沙漠中騎駱駝」的自費行程。其實我不太想參加，因爲我們那天住的可是印度頂級旅館——紗夢皇宮（SAMODE PALACE）呢！旅館裡頭就有很多極盡奢華的設備可以享受，我何苦去沙漠裡頭曬太陽呢？

不過因爲同行夥伴都想參加這個行程，所以我就放下了紗夢皇宮，硬著頭皮參加了。

當我們來到了沙漠，一行人立即開始後悔。因爲沙漠的坡度實在太陡，所以吉普車無法載我們繼續前行。面無表情的印度導遊指著一個沙漠的小山丘，面無表情地告訴我們：「你們接下來就要開始步行。放心！這山丘根本不陡，而且路程只有三分鐘而已。OK的啦～」

印度導遊根本在騙人，這山丘哪裡會不陡？我們一行人走得滿身大汗、氣喘如牛，而且雙腿還不停地在顫抖呢！於是大家就開始在沙漠裡開罵了起來：「我們是招誰惹誰？幹嘛要放下紗夢皇宮，花五十元美金跑到沙漠裡『顫抖』呢？」

不過我們的「抱怨接龍」也只持續了幾分鐘。在不知不覺中，我們登上了沙丘，之後，每個人的眼睛都爲之一亮！

天啊！這裡的景色實在太漂亮了！看著四面八方，一望無際的沙漠眞是讓我心曠神怡呀！更讓我驚喜的是，這沙丘居然已經擺好了躺椅與小桌，桌上則擺著酥脆可口的餅乾與奶茶。

哇！這奶茶居然還冒著煙耶！

因爲這杯沒在我預期之中的熱騰騰奶茶，讓我頓時忘記先前的疲憊，開始覺得自己是一個優雅的貴婦人。

我懶洋洋地躺在舒適的躺椅上，看著美麗的夕陽西沉，以及被風吹拂、有如波浪的沙漠景色，享受著這杯「先苦後甘」的印度奶茶，那種狂喜的感覺眞的是筆墨難以形容！這可是我此生喝過最難忘的奶茶呢！

吮指回味的沙家羊肉

在我還沒去過印度吃印度菜之前，其實我對印度菜並沒有多大的興趣。而且我不能確定我在台灣吃到的印度菜到底算不算是正港的印度菜？所以我也無法評論印度菜究竟是好吃還是難吃。

或許我的職業是談話節目主持人之故吧，所以我在印度之旅啓程之前，特別在我的筆記本上寫了「印度菜四大疑問」，我希望可以從印度當地人的口中獲得解答。

我對印度菜的四大疑問如下：

一、印度人每天吃咖哩，會不會覺得很煩？

二、有甜的印度咖哩嗎？

三、為何印度人一定要用手抓飯？

四、印度菜的香料真的如此複雜嗎？

關於印度人每天吃咖哩的問題，我下飛機不久就馬上獲得解答了。因為印度實在太熱了！咖哩算是印度人的「保命養生料理」，因為他們如果每天不吃辛辣的咖哩體溫就無法調節，隨時有中暑之虞！

至於到底有沒有甜的印度咖哩，我想應該是被「已本土化」的台灣印度料理給誤導了。因為正宗印度咖哩擺明了就是辛辣！辛辣！直接了當地辛辣！它絕對不會加椰奶，也絕對沒有甜的印度咖哩。不過辛辣的印度咖哩還滿符合我愛吃辣的口味，跟我的性格有點類似。

再來就是最重要的問題：「為何印度人一定要用手抓飯？」這是跟我同行的所有台灣朋友都想問的問題，大家都無法理解為何印度人好好的餐具不用，偏偏要用手吃飯呢？

我們的印度導遊——丁丁立即為我們上了一課。他義正詞嚴地對我們說：「餐具乃是無用之物！為何我們要在菜和手之間增加一個累贅的餐具來破壞料理的味道呢？」丁丁導遊接著說：「這手可是妙用無窮！一方面手可以幫嘴巴試溫度，如果手可以拿得了，就代表嘴巴絕對不會被燙著！再者，印度菜的醬汁很多，很適合用手來吮指回味。所以沒學會手抓飯的技巧，那麼您就永遠也無法體會印度菜是多麼讓人『吮指回味』的料理了！」

丁丁導遊的理論的確說服了我們，但是我們卻始終學不好用手抓飯的技巧。因爲我們總是不自主地左右手交替或是五指並用，讓飯粒沾得滿手黏呼呼的。那不是正港的印度手挖飯技巧，因爲印度人不管你是左撇子還是右撇子，他們一律規定用右手抓飯，而且絕對不能五指並用。

不過印度人向來隨和，就算外國人的手抓飯技巧沒有他們這麼俐落，印度人也絕對不會嘲笑你。只要您記得餐後用檸檬水洗手，就算是符合基本的印度餐飲禮儀了！

對我而言，來到印度，除了吃正港印度料理之外，我也想要學會幾道在台灣沒聽過、也沒吃過的私房印度菜，我才會覺得値回票價。正好我們的丁丁導遊就是一位擅於烹飪的美食家，他一口就答應要把自己家裡祖傳三代、尙未外傳的印度牛肉秘方傳授給我，所以他將我們帶進一個印度人家的廚房中。

一進到印度廚房，看到廚房裡頭瓶瓶罐罐、難以辨認的繁瑣香料，我就已經裹足不前，想要打退堂鼓了。不過我試著做幾道印度菜之後，我發現印度菜的秘訣似乎就是——

「茴香子」。茴香子是印度菜的基礎口味，而且除了茴香子與荳蔻之外，印度菜其他常用的幾種香料跟我們在台灣做菜時常用的蔥、薑、蒜差不了多少！所以只要起油鍋爆香茴香子，然後再依序放入洋蔥、大蒜、薑、豆蔻等香料，就可以煮出具有濃厚印度味的料理。

我對印度人烹飪的態度覺得有點矛盾，因爲我發現很多印度廚師烹飪時非常隨性，香料比例與烹調時間長短幾乎都隨心所欲。不過丁丁導遊卻反駁地說：「才不是！印度人是全世界數學最好的民族，所以我們的料理不但不隨性，而且用料還十分精準呢！」

既然丁丁導遊都這麼說了，所以我就用激將法叫他立即教我一道用料十分精準的印度料理，他倒也氣定神閒地立即「供出」沙家羊肉的獨門秘方來（補充說明：丁丁導遊本姓沙）。

雖然我很不喜歡我的菜單充滿了密密麻麻的數字，不過爲了介紹這道丁丁導遊特別推薦、號稱用料精準的沙家羊肉，請容我用數字來表達吧！

美人私房菜

正港獨門印度味：沙家羊肉

食材：1000克帶骨羊肉、350克番茄、400克洋蔥

佐料：3片月桂葉、150克嫩薑、50克大蒜、20克綠辣椒

秘密武器：茴香子、芫荽粉、丁香5粒、肉桂、豆蔻、黑胡椒

作法：

（一）熱鍋下油，放入所有香料炒至爆香，再加入洋蔥炒至金黃色，隨後加入薑、蒜續炒，這時鍋內會飄來印度的神秘香味。

（二）加入羊肉炒至變色。

（三）再加入番茄丁、番茄醬約半碗與水，慢煮至羊肉熟軟、用鹽、黑胡椒調味，最後加上辣椒裝飾即可完成。

我覺得以上這道菜其實稱不上是用料精準，因爲還是夾雜了隨性的成份（例如茴香子的多寡）。不過我敢保證這沙家羊肉的確是好吃到不行，尤其搭配米飯更是相得益彰。如果您願意嘗試用手來品嚐這道沙家羊肉，這絕對是一道「吮指回味」的好菜。

六味豆腐（上）

我之前常常在想這個問題：「這個世界上到底有沒有一種把做飯當成一種修行方式的宗教？如果做得一手好菜，道行就會更高。」原本以爲這只是我的胡思亂想，後來跟朋友閒聊後，我才赫然發現世界上還眞的有把做飯當成修行的宗教——「日本禪宗曹洞宗」。

「日本禪宗曹洞宗」的創始者道元禪師認爲眞正的佛法不離開日常生活，所以他特別重視日常生活的實踐，尤其是每天不可少的飲食。道元禪師也爲此編寫了《典座教訓》與《赴粥飯法》來解釋飲食的可貴，正式確定了精進料理（Shojin Cuisine）的規範。（註：「精進料理」起源於日本平安時代，並非道元禪師所創。）

「精進」兩字來自於梵文，意思就是「存善離惡」。而精進料理就是一種規範非常嚴格的素齋，儘管目前日本大部分佛教徒都被允許可以吃肉，但是日本禪宗仍然堅持不吃肉，甚至連長得像肉的肉類替代品（素肉）都不吃，除此之外，精進料理也無奶、無蛋，大蒜與洋蔥也必須排除在外。

道元禪師特別重視烹飪的過程，「我烹飪時總會驚歎蔬菜是多麼的美麗！所有的蔬菜都充滿著能量，它們使我們重獲活力。我在每一個盤子中感覺到佛的存在，感謝四季都有蔬菜的提供。」道元禪師語帶感情如是說。

因爲道元禪師在十三世紀確定了精進料理的規範，此後八百多年來，日本禪宗的佛教徒就把每天例行的做飯當作修行方式，用做飯來展現對佛法的深信，孜孜不倦地沿著濟世之路前進。

我之所以會寫這篇文章倒不是爲了傳教，更不是想要藉此勸大家要吃素、要好好學烹飪，而是我聽說精進料理非常好吃，只要淺嚐一口，您就會發現原來如此簡樸的素食也可以擁有如此深蘊的美味，原來天然的味道也可讓人回味無窮！

以蔬菜與豆類製品爲主的食材非常簡單，連調味料都是，就跟易經的道理一樣，標榜簡單的事情往往都不會太簡單。而且精進料理除了常用的五種味道（酸、甜、苦、辣、鹹）之外，還包了第六種味道，這就是精進料理跟其他素食料理最大的不同之處。

最能代表精進料理精神的菜餚就是胡麻豆腐。因爲精進料理的食材都是根據時令來取材，只有胡麻豆腐是唯一每日供應的料理。各位千萬別小看這胡麻豆腐，這可是最能呈現出微妙第六味的神奇豆腐呢！

胡麻豆腐是日本禪宗和尚每天的早課。出家人在太陽還沒出來之前就得起床花兩個小時研磨胡麻。磨胡麻的過程中必須誦經兩遍，若不能平心靜氣好好誦經的話，這胡麻就會被磨成胡麻油，如果誦經時情緒不穩或心有邪念，磨出來的胡麻也會沾染苦韻。

磨好的胡麻加水加熱，用葛粉加濃拌勻放上籠蒸熟，放涼之後切塊即可完成胡麻豆腐。儘管過程非常簡單，跟我的懶人版食譜似乎沒啥差異，但要能做出一塊完美的胡麻豆腐卻需要花上十年的時間。

何謂完美的胡麻豆腐呢？其實這見人見智，好吃與否並無標準可循，但是胡麻豆腐就是如此神奇，就算您不是修行人，您也可以輕易分辨出胡麻豆腐的滋味高下與否。或許您還可以從這塊胡麻豆腐的口感來判斷師傅今天是否有賴床、誦經時有沒有專心？是否平心靜氣？是不是俗念纏身，盡想些有的沒的怪念頭。

我曾經吃過很糟的豆腐，我想做胡麻豆腐的這位師傅今天心情大概不太好。不過我也吃過非常完美的胡麻豆腐，光看到豆腐的模樣就已經法喜充滿，輕啄一口，胡麻豆腐整塊滑進口中，口感與滋味眞的跟一般豆腐大不相同，這就是胡麻豆腐所標榜的第六味！

或許您想問我，胡麻豆腐的第六味到底是什麼味道？其實我並不知道，因爲我覺得點滴在心頭，這似乎是心的味道，用流行口吻來說，或許我應該說這就是有佛心來著的第六味吧！

六味豆腐（下）

因爲我曾經在京都品嚐過完美的胡麻豆腐，吃到了玄妙的第六味，所以讓我對於佛心來著的精進料理充滿著興趣。於是我開始對精進料理展開長達一年、舖天蓋地的研究，也與多位對於日本料理有所專精的朋友展開了多場激辯。最後我們的結論漸趨一致，大家都講著相同的名字——棚橋俊夫（Toshio Tanahashi）。

棚橋俊夫是我們公認日本精進料理界的最棒廚師，跟其他精進料理師傅不同的是，棚橋俊夫並不是出家人，他的廚藝是從琵琶湖畔月心寺住持學來的。不過他一直想把「出家料理」發展成爲「在家料理」，以傳統爲基礎不斷創新、讓創新來維護傳統。但以上都不是重點，重點是棚橋俊夫的精進料理好吃極了！人稱日本第一素食料理，所以就算是吃素，也讓我朝思暮想、下定決心一定要吃到！

棚橋俊夫在東京京表參道開了一家專賣精進料理的餐廳——「月心居」。雖然不做宣傳、也不找媒體做置入性行銷，甚至拒絕接受媒體採訪，但是「月心居」這幾年來卻是異常熱門，往往需要幾個月時間安排，才能協調到位置。尤其是棚橋俊夫親自為客人服務的「板前」座位更是一位難求，完全要靠運氣！

我眞的是很有口福的人。經過半年時間的漫長等待，居然被我等到了「板前」，於是我立即請了長假來到了東京。

「月心居」開在東京表參道一條靜謐的巷弄內，外表樸實，沒有明顯招牌。我小心翼翼地站在「板前」的座位前，正在做菜的棚橋俊夫招呼我們坐下。我望著他的臉龐，雖然我知道他並非出家人，不過看起來法相莊嚴，像是有道行的出家人。

今晚的精進料理共有十道餐點，第一道先付（前菜）是去皮切片的新鮮水蜜桃配上岩海苔、紅胡椒粒、核桃和芽蔥搭配的開胃菜。光這道先付就讓我味蕾大開、嘖嘖稱奇。水果入菜眞的不容易，要讓原本鮮美的水蜜桃滋味更上一層樓，眞的需要不少想像力！

第二道向付就是最能代表精進料理精神的胡麻豆腐。雖然我在京都吃過完美的胡麻豆腐，但是棚橋俊夫的這一味似乎更能突顯出那微妙的第六味。他也是用誦經的方式來做胡麻豆腐，不過他誦經時大概眞的是一心不亂，才能做出這麼好吃的胡麻豆腐。

第三道是咖哩風味的味噌湯，棚橋俊夫使用紅味噌配上蓮藕、小芋頭與南瓜，湯頭十分濃稠，湯裡的小芋頭雖然煮得軟糯，但是外型卻仍然完整，不知道棚橋俊夫煮湯時是否也需要平心靜氣地誦經？才能做到這般境界。

接下來是三色飯。三色飯是烤玉米粒、茄泥和佃煮優見唐辛子，點綴著少許紫蘇切絲鋪在飯上；其中最特別的就是茄泥，它是用醬油和花椒粉調味，非常提味。

緊接登場的就是非常神奇的「炸無花果」。棚橋俊夫把新鮮無花果用薄麵衣炸過，搭配脆爽的炸春雨（粉絲），墊著蘿蔔泥淋上芡汁出場。這炸無花果嚐來軟而不爛，保留著果香，鮮甜無比！

不過我好奇的是這道菜不是炸物嗎？怎麼會毫無油膩感呢？當我吃到碗底時，才發現其中玄機！原來碗底有一片只有鈕釦大小的青柚皮，原來這就是讓炸物油膩盡失的秘密武器，難怪大家都說棚橋俊夫是「野菜的天才」！

第六道菜是寒天苦瓜，這道料理共分爲三層，最底層是帶點葡萄柚口味的寒天果凍，味道微苦；中間那層則是味清而軟爛的芋莖和秋葵；最上層是油炸未去籽的山苦瓜薄片，吃來極苦。而且寒天苦瓜用蓴菜（生長在淡水湖的水草）柚子汁調味，味道沁酸，不易入口。

這時我若有所思，第四道三色飯是辣的，第五道炸無花果是甜的，但是現在這道寒天苦瓜既苦且酸，這是哪門子配菜邏輯啊？於是我忍不住詢問棚橋俊夫。他起初愣了一下，後來不疾不徐地對我說：「這五味雜陳不就是人生的味道嗎？」

我也是愣了一下，馬上顧左右而言他地問：「那今晚最後一道菜是什麼味？」棚橋俊夫帶著禪意回答我：「結局是甜的！」

第七道菜是燒物，他將京都名產——加茂茄子油炸後去皮，配上烤松茸和新鮮芒果。加茂茄子與芒果是非常清甜的食材，但是底下又墊著用青柚汁調味的牛蒡，將原本的甜味轉化為清幽，增加了層次感。而烤松茸也沒被奪味，充分發揮香氣，眞是絕頂高明的料理方式！

第八道菜是風呂吹，光聽菜名，您一定聽不出個所以然。這是冬瓜田樂配水餃。田樂是日本人把食物燙熟後塗抹味噌的吃法，而這個水餃是日本少見的水煮餃子，因爲日本人只愛吃蒸餃，對於水煮水餃則是不屑一顧！

這田樂味噌果然是令我驚豔的口味！用紅味噌加上新鮮蕃茄汁與芝麻醬熬出，層次十分豐富！這餃子餡也很特別，雖然材料只有蓮藕泥、紫蘇葉、生薑和烤香菇等四種，但是薑味卻若有似無地調和了紫蘇味，棚橋俊夫果眞是調味高手啊！

第九道菜是耐人尋味的茄子飯。京都產的山科茄子紫得發亮，用鐵鍋煮的飯則有鍋粑香。吃到這裡，精進料理已近尾聲，我的身心俱已飽足完滿，此時我將要迎接今晚的完美句點！

第十道菜是玉米糕，玉米糕上頭擺著鹹的京瓜絲，搭配酸的檸檬Sauce，這鹹味與酸味居然完完整整地烘托出玉米糕的甜美，哇！三「味」一體！結局果然是甜的！我從今晚的料理中，體悟到了不一樣的感受，上了寶貴的一課。

炸物天王（上）

有很長一段時間，除了「酥炸鴨下巴」之外，我對炸物（油炸食物）一直都沒啥好感。除了怕胖以及油炸食物不健康的緣故之外，我潛意識裡一直認爲炸物沒有什麼變化，並非啥英雄好漢的料理方式。我大部分的朋友跟我的想法也都差不多，大家異口同聲地認爲：「炸物有啥了不起！」

想一想，炸物眞的沒啥了不起，頂多只是把食物醃一醃然後就扔進油鍋裡炸一炸，甚至有時還可以扛著「原味」的招牌，連醃的程序都予以省略，就扔進油鍋裡聽天由命了呢！

不過，我對炸物的偏見在二〇〇五年就被徹底瓦解。因爲我在日本吃到了一次堪稱餘韻繞樑的神奇油炸料理，它把我對油炸食物的想法完全顚覆，讓我從「炸物有啥了不起！」的觀念轉化成「炸物也可以非常了不起！」

這家顛覆我對炸物數十年來所有偏見的神奇餐廳叫做「天一山」，它位於東京銀座，是一家「天麩羅」專賣店。

「天麩羅」就是我們俗稱的「天婦羅」，對日本人而言，天麩羅是炸物中的王者，而「天一山」賣的天麩羅簡直就是王者中的王者。每晚只接待一組客人，由老闆——鈴木主廚親自坐鎮的「天一山」二樓，更是王者中的王者的三次方。

聽完以上有如繞口令的王者形容詞，我想您一定還是一頭霧水。且聽我往下繼續說分明吧！

在此之前，我必須承認我從未聽過「天一山」的名號，但是我卻聽過有位名人曾經去過「天一山」用餐，讓「天一山」的炸物在日本開始聲名大噪。這位名人就是美國前總統柯林頓先生。

不過柯林頓吃過的餐廳何止上萬，所以那絲毫影響不了我。直到有一天，某位朋友用金庸武俠小說的口吻跟我說：「日本有一位炸物界的天才——鈴木。他在油鍋前修煉了三十多年，他的廚藝玄妙，已經到眾人公認『五感俱足』的境界。他可以眼看油色變化、耳聽食材入鍋聲、以鼻探味、以手感溫、用心來呈現。如果妳有這個因緣可以來到『天一山』享用天麩羅，就有機會看到鈴木主廚親自展現廚藝。那麼妳就是天龍八部的『虛竹』，而鈴木主廚就像『無崖子』一樣，將其畢生絕世絕學灌入妳的體內，讓妳五感俱足、視野全開，美食功力瞬間大增數倍！」

這位朋友類似武俠小說說書人的說詞成功說服我，我決定用六萬元日幣一餐，並且要苦候好幾個月預約的漫長等待，來到這家美食家必經的修練道場——「天一山」。

二〇〇五年秋天，東京街頭正飄著毛毛細雨，我來到了「天一山」二樓，就坐在美國前總統柯林頓曾坐過的位置上，看著眼前琳瑯滿目的魚蝦貝類蔬菜，仰望著炸物界天王——鈴木主廚的尊容。我已兩頰生津，摩拳擦掌，內心充滿了期待。

前兩道菜並不是炸物，而是擁有濃濃日本味的「大和芋蒸北海道雲丹」與「香味燒」，這菜很有誠意，大量使用價昂的山椒葉。我看到鈴木主廚正在準備湯，我衷心期待的炸物還沒準備要登場，於是我就趁著空檔、不長眼地開始踢館了起來，我要求鈴木主廚現場示範刀功讓我一飽眼福。

爲何我會敢如此放膽地踢館呢？那是因爲我自認刀功不錯，堪稱家學淵源。從我還是小孩的時候，我爺爺就鍛鍊我「燈影牛肉」的技法，所以我從牛肉花腱下手，切到腱內的筋透光爲止，日後切起菜來都頗有架勢、非常唬人。但是我拿這區區本事就來踢館，似乎是有點想太多了。

鈴木主廚倒也沒動聲色，只是對我微笑，派出他的二廚在我面前切起牛蒡、紅蘿蔔、鮮當歸、椎茸和豬背油脂來，當二廚將這些食材樣樣切得齊長放入鍋中，僅以胡椒調味，煮出來的湯竟讓我感動得想掉淚。不過我還是偷偷從湯裡撈出食材，用我隨手攜帶的0.5㎜細筆來作比較，居然一樣細，可見我踢館眞是踢錯了！

接下來就是車海老（明蝦的日文），這盤飾實在太美了，讓我轉過來、旋過去，百看不膩，拖了好久才願意動筷。這搭配鮮當歸、胡瓜和岩海苔的車海老滋味實在讚！只不過這道菜似乎有玄機！爲什麼蝦肉完全透明，但是蝦尾帶殼部位卻是熟紅扇開的呢？難不成……

於是我問了一下服務我的光代女士這蝦肉的玄機，她氣定神閒地表示鈴木主廚的手指有一半浸在滾水裡，唯有如此才能保持車海老尾殼燙熟，但是蝦身又生嫩、香甜。

在連續幾次的震撼教育中，傳說中的炸物天王準備要登場了。

炸物天王（下）

期待了半年，終於讓我等到天王級炸物登場了。

先從搭配炸物的三種沾料：海鹽、檸檬汁、蘿蔔泥說起。在這三樣沾料中，以蘿蔔泥最有來頭！因爲這蘿蔔泥粗細均一，清甜的味道讓我印象深刻，於是我秉持著孔子「子入大廟，每事問」的精神，我又逮住光代女士問個分明。

光代女士倒也不嫌我煩地娓娓道來：「這蘿蔔泥是店裡新進員工的作品，他們入店的前三年，每天都要磨蘿蔔泥。」

「請問有特殊磨法嗎？」我緊接追問。

「倒也沒有，只是要打圓繞著圈圈磨罷了。重點在於磨蘿蔔泥時要保持心情平和，粗細才能均勻。」

「難怪妳一直建議我要沾鹽吃，捨不得讓我沾蘿蔔泥？」我隨口就是一句不禮貌的鐵口直斷。不過光代女士沒有辯駁，她只是用行動表示自己的誠意。自此後，我碗中的蘿蔔泥只要稍有略減，服務人員就會即時添新，讓我反倒覺得不好意思。

再來講這天王級炸物。通常天麩羅不會採用體型太大的魚蝦；魚多半十公分左右，蝦子也以十～十五公分爲宜，以肉質細膩帶勁的食材爲主。

鈴木主廚將整尾琵琶湖小香魚扔入鍋炸，不去內臟，保留苦味以留待回甘。小香魚肉質幼細，甘美多汁；炸蝦的麵衣輕脆，蝦肉的熟度恰到好處，將原味完全展現，甚至還可以咬得出汁來。北海道蘆筍也是一絕！它裹著有如絹絲般的麵衣，蘆筍炸透而麵衣不炸焦，讓蘆筍甜味也繼續保持。

之前幾道都屬於傳統麵衣炸法，鈴木主廚緊接著開始表現麵衣的花式炸法。接下來的「雲丹磯邊炸」，海膽軟綿、海苔酥脆，果眞是天作之合！

再來是不可思議的生香菇鑲蝦泥。這道菜食材來自福島縣，而它的神奇之處在於這道炸物與大蒜無關，但是一口咬下卻有天外飛來一筆的濃郁蒜香。

由於我已經獲得極大的滿足，於是我開始與鈴木主廚玩了起來。乍看之下，他好像只是隨意將食材扔入鍋油炸，不過我發現他不斷地調火，似乎在配合我的進食速度。於是我就故意把進食速度放到極慢，看看他會如何因應？

沒想到鈴木主廚竟然就把火關掉了。於是我就忍不住發問了：「請問你是如何控制油溫？」有如武林高手的鈴木主廚回答：「用五感！」這個近乎哲學的答案讓我甘拜下風，於是我緊接再問：「您在這油鍋前一站三十年，難道不會感到厭倦嗎？」原本我腦袋中的畫面是鈴木主廚雙手一攤、露出無奈的神情嘆息地說：「唉～這就是命啊！你們不嫌煩，我也覺得膩啊！」只不過鈴木主廚並沒有這麼做，他用極爲堅定的表情與口吻對著我說：「炸出完美的天麩羅是我一生的目標，三十年並不算甚麼，我會堅守到人生最後一刻。」

鈴木主廚說完之後，又繼續忙著幹活。因爲緊接登場是我朋友千交代、萬交代，一定要享受的「炸星鰻」。這是「天一山」創辦人所留下的配方，歷經三十個年頭，配方始終未變。

在「炸星鰻」上桌之前，先遞上一盤京都青唐小青椒來清滌口舌，以便迎接究極炸物的到來。這「炸星鰻」的外衣顏色深邃，沾料則是咖哩粉加鹽。

鎮店老配方果然是威力十足，好吃到不行！整條星鰻下肚，我已力有未逮。不過鈴木主廚卻露出和藹的鼓勵眼神，希望我再嚐一道「炸搔揚」。（Kakiage，烏賊、干貝、蝦混和之類裹上麵糊的油炸物。）

既來之、則安之，既然鈴木主廚都想獻藝，那麼饕客豈有拒絕之理？這「搔揚」可是不容易炸得好吃的炸物，炸功不好就會把「搔揚」炸得支離破碎，或是把「搔揚」炸成有如厚重的大阪燒。

頂級的「搔揚」不能完全炸熟，但是入口時卻又恰好完美熟成，其「進退得宜」的玄妙功夫，除了佩服再三，實在沒有其他的詞句可以形容。

所有炸物上完後，服務人員端上一碗紅味噌湯，這紅味噌口味重，可以去除炸物的油膩。鈴木主廚也在此時關火離場，我特地起身研究他的油鍋；他炸了一整個晚上，但是這油鍋居然是依舊清亮見底，難怪自始至終，每道炸物都可以炸得如此淺嫩米黃！

如果說鈴木主廚的炸物是「五感俱全」，那「天一山」的用餐環境也稱得上是「五感俱全」！我在這個晚上卯足全力、吃了整整三個小時的炸物，但是整個包廂卻沒有絲毫的油煙味，我反而一直嗅得淡香，但環顧室內卻又不見薰香，果眞是玄妙的用餐經驗。

結束了這場餘韻繞樑的神奇炸物盛宴，我的確五感俱足、視野全開、美食功力瞬間大增數倍！鈴木主廚的三十年絕學讓我對油炸食物的想法完全顚覆，這筵席雖散，化不開的是心中的感動。

美人私房料理

您也可以成爲炸物天王！

鈴木主廚所使用的炸油以白芝麻油爲主，再輔以其他種類炸油，混合比例按季節調整。至於油溫，則是保持在170℃～180℃之間。我特別透露這訊息，希望大家能夠學起來，有朝一日，您也可以成爲炸物天王！

料理東西軍之——西式頂尖料理

除了吃遍台灣，
愛吃、會吃、用心吃美食的于美人更立誓吃遍全世界！
藉由她的幸運味蕾，一起嘗鮮感受世界級名廚的拿手料理，
體驗你從來不曾有過的美食魔力。
下次有機會出國旅行，你一定要前往親身驗！

充滿力量的薯條

在文章一開始，先問各位一個豆知識問題：「請問比利時人的語言是什麼？」

我想十個人有九個人會回答我：「廢話！比利時人當然講比利時語啊！」對不起～您答錯了！世界上根本沒有比利時語這種語言。比利時的官方語言有三種，而且這三種語言的語系截然不同，絲毫沒有關聯性。住在比利時北半部的人多半講荷蘭語，住在比利時南半部的人多半講法語，然後還有一小部份比利時人講德語。

也就是因爲語言太複雜，所以比利時的政情向來不穩，說著不同語言的政黨也無法團結一致，使得比利時政府被迫要公佈一個世所罕見的國家格言：「團結就是力量！」不過這個格言也必須用三種語言書寫才行，如果不這麼做，比利時一定會陷入另外一場激烈紛爭。

有趣的是，只有一種東西可以讓比利時全國上下團結一致，而這種東西居然是一種美食；無論是說荷蘭語、法語甚至是德語的比利時人都愛吃，只有這種美食才能代表比利時，才能讓比利時人團結起來。

這種美食叫做薯條。

我猜您聽了這個答案之後一定想要哈哈大笑，薯條就是薯條，哪有什麼好吃不好吃的問題？這麼簡單的食物何德何能可以被稱作爲美食？而且更遑稱是一種可以讓一個國家團結起來的美食？

不過，請相信我，我曾經吃過正港比利時人親自炸出來的正港比利時薯條，它眞是超級無敵好吃！它的好吃程度讓法國薯條相形見拙，美國薯條更是只能閃邊涼快。

在二〇〇五年秋天，我曾經在法國認識一位比利時太太，她的名字叫做發碧昂。她人非常客氣熱情，一跟我們熟稔之後，她就嚷著要親自下廚，招待我們吃「最偉大」的比利時國菜。

我必須坦言當時我對比利時眞的很不瞭解，我只知道比利時的巧克力很有名，比利時鬆餅（Belgian Waffle）也不錯吃！但是這「最偉大」的比利時國菜到底是何方神聖？我一點都不知道。

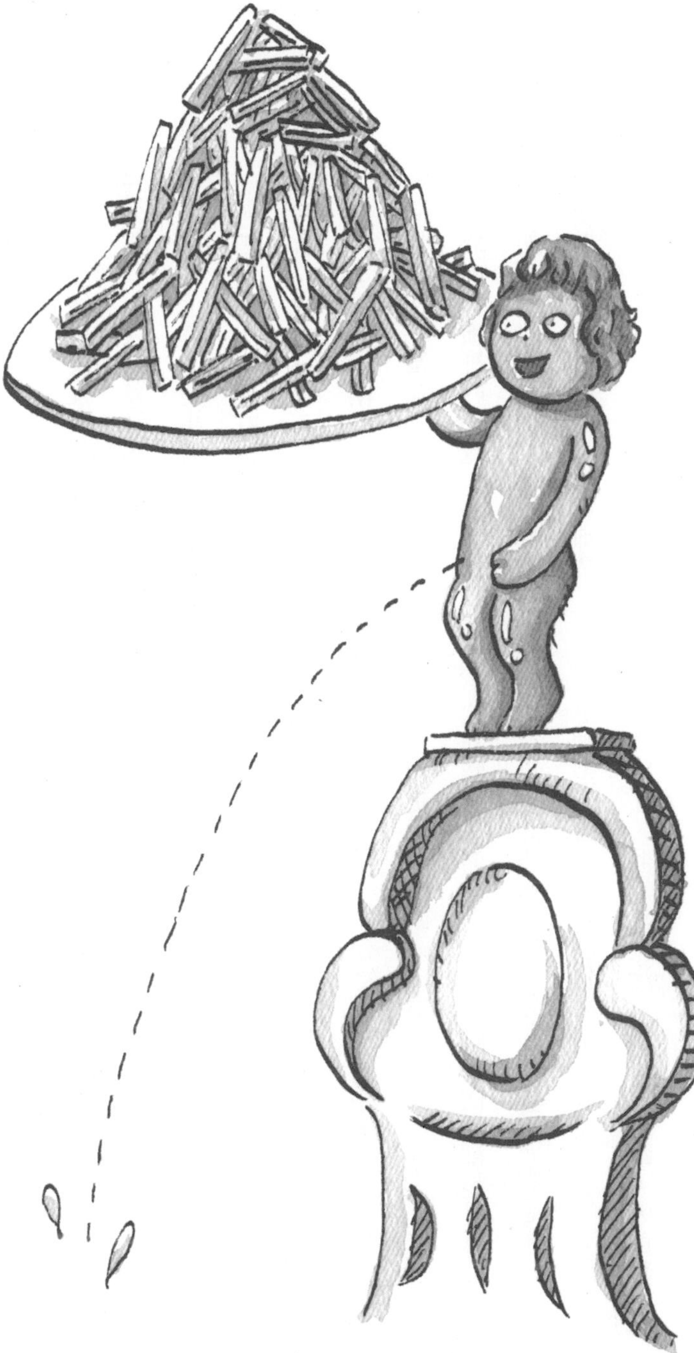

發碧昂太太請我吃飯的那天，她在開飯之前先禮貌性朗讀了一下今日菜單，不過她只用法文講了三秒，菜單居然就講完了。這時我的心已經涼了半截，菜單如此簡單，想必一定不怎麼豐盛。當友人幫我翻譯出「菜單就是薯條與淡菜」之後，我的心更是整截涼掉，天呀！薯條與淡菜算是哪門子「偉大菜餚」啊?!

不過我們眞的是小看發碧昂太太與比利時薯條了！

發碧昂太太用自己帶來的大鍋子炸薯條，光看她控制火侯的架式以及臉上執著的神情，我就感覺出「偉大」這兩個字似乎開始從她的大鍋子慢慢地湧了出來。

她將薯條炸了兩回合，第一回合使用中溫油（約120度），第二回合再用高溫油（約180度）回炸一次。當比利時薯條起鍋時，其金黃色澤更是閃閃動人，令人食指大動！

至於吃進嘴裡的感覺，那更是不得了！比利時薯條的外表又酥又脆，內裡卻是又酥又軟，舌頭還可以體會到有如蛋糕般的綿密感，以及馬鈴薯纖維層次分明的細緻充實感受。

我看著發碧昂太太的得意神情，突然覺得她是深藏不露的武林高手，只是簡單的「炸兩道」程序就可以料理出如此不同凡響的比利時薯條。但是我並沒有開口誇獎她，因爲我一根接著一根往嘴裡送，連好吃都來不及說了。

接下來登場的「偉大菜餚」是比利時淡菜，據說這也算是比利時的國菜。也許淡菜沒有薯條偉大，不過比利時薯條能夠讓比利時「團結」，淡菜應該也有讓比利時「和諧」的本事吧?!

雖然比利時淡菜有無數種醬汁、代表著比利時境內各種語言的文化精髓，但是發碧昂太太卻只煮了其中最傳統的一種醬汁，就足以讓我們大呼過癮，想要跟著她一起高聲大喊利時的國家格言——團結力量大！

發碧昂太太的醬汁採用大量的洋蔥、西洋芹、紅蘿蔔、蒜頭與白酒，而且一滴水也沒加。這醬汁搭配起滑柔飽滿的淡菜，眞的是相得益彰的絕配啊！

總之，整個晚上我一直不停吃著比利時薯條，搭配著比利時淡菜。雖然菜色算是非常簡單，但我還是覺得異常滿足！後來在席間才聽友人說比利時在歐洲是僅次於法國的美食王國，它的乳酪、雞肉、魚肉、甚至是兔肉料理都是歐洲一絕，而甜點更是豐富無比。光比利時鬆餅與比利時巧克力就已博大精深，擁有數百種變化呢！

儘管比利時有如此豐富多樣的美食，但是能夠讓沒有共同語言的比利時人團結在一起的美食，也只有這簡單的比利時薯條。比利時薯條就是比利時唯一的共同語言！

他心通餐廳

很久之前，曾經有某位美食家朋友跟我推薦一家法國餐廳，他說這家餐廳的菜餚非常棒，而且還是米其林三星等級，只不過……

「只不過什麼？不過這家餐廳不存在嗎？」我迫不及待地問。

「這家餐廳的確存在，只不過要吃到這家餐廳必須在半年之前預約，而且大家都說這家餐廳的服務很差！這點也許妳要納入考慮。」朋友用警告的口吻對我說道。

「就算服務很差又何妨？如果他們的菜餚眞的有如你形容得這麼好吃！就算他們每次上菜，主廚都要賞我兩個耳光，我也甘願！」對於美食可是「求食若渴」的我義正詞嚴地說著。

於是我立即請朋友幫我預約。不過我必須承認，我還是有點擔心，因爲我不知道所謂「服務很差」到底可以差到什麼地步？如果眞如我所言，主廚每上一道菜，都要從廚房衝出來賞我兩個耳光，那麼我吃完這餐之後，我的臉豈不是腫得像麵包超人一樣？

過了半年之後，終於讓我等到了這家餐廳。不過因爲「服務非常差」這五字警語一直纏繞著我，所以害我緊張到連筆記本都忘了帶。

我向來有邊吃美食邊記錄心得的習慣，所以忘了帶筆記本對我而言眞是一個非常傷腦筋的事情。而且我一直謹記著「這家餐廳服務很差」的印象，所以我很擔心服務人員不願意借給我紙張，或是他們會因而惱羞成怒，七手八腳地把我扔出門外！所以我急中生智，把餐廳桌上的菜單卡當成筆記本來振筆疾書。

這家餐廳的菜餚實在太好吃了！才吃完第二道菜，我居然就快把這張菜單卡給寫完了。

正當我在這張菜單卡寫到最後一行的最後一個字時，突然發生了一件神奇的事情！餐廳的外場經理居然在第一時間，遞給了我兩張筆記紙，而且很帥氣地向我微笑致意。這時我全身長滿了雞皮疙瘩，我眞的是無法置信！這家餐廳不是「服務非常差」嗎？怎麼可能會出現這種讓人驚訝的頂級服務呢？

我明明就看到這位外場經理全場穿梭、忙碌異常，我敢保證他根本從來沒有正眼看過我一眼，他是如何知道我正在振筆疾書的呢？好吧！就算我人長得美，所以外場經理一直在遠方偷偷瞄著我的一舉一動好了，但是他又是如何算準我寫到最後一行、最後一個字的時機才翩然出手呢？

這一切的一切都是一個謎！這家餐廳的菜餚的確好吃到不行，但是讓我永生難忘的卻是外場經理把筆記紙遞給我的神情。他的神情是多麼地優雅、多麼地自然，他的微笑也充滿著自信與智慧。

儘管這家餐廳被米其林指南評論爲「服務非常差」，但是我眞的不以爲意。因爲我在這裡獲得最棒的服務款待，體會到那種「一切盡在不言中」的玄妙服務。他們出神入化的服務品質，我只能用「他心通餐廳」來表達我的最高敬意。

料理鐵人的教誨

十幾年前日本有一個席捲全球的熱門電視節目——「鐵人料理」；這是一個邏輯並不算太複雜的烹飪節目，每集都會有一位挑戰者選擇挑戰四位鐵廚的其中一位，所有挑戰過程就構成一個小時長的精彩節目。

「鐵人料理」的精髓就在於鐵廚。鐵廚要負責把關，應戰面對來自世界各地的挑戰者，而他們都是眞材實料、赫赫有名的名廚。在節目播出期間，製作單位共分排了代表中國料理、日本料理、法國料理與義大利料理的七位鐵廚，其中最有名的鐵廚莫過於法國料理的第一代鐵廚——石鍋裕先生。

石鍋裕先生是日本最有名的法國料理主廚，他最擅長運用巧思與創意，將亞洲食材與法國廚藝合二爲一。他除了是「鐵人料理」節目中的名譽鐵廚外，他也曾經在二〇〇〇年的琉球七國高峰會議上擔任主廚，表現讓各國領袖爲之傾倒的精緻廚藝。

不過石鍋裕先生目前最爲人知的身份是餐飮經營之神，他所領導的愛麗絲皇后集團（Queen Alice）經營了二十幾家餐廳，經營觸角遍及法國餐廳、法式點心坊、中華料理、義大利餐廳、越南餐廳，甚至還包括咖啡美食館與婚宴餐廳，年營業額約二百億日圓。

我跟石鍋裕先生有兩面之緣，因爲他曾經在台北忠孝東路指導了一家法國餐廳，我光臨過一次，也見過石鍋裕先生本人。不過第一次見面因爲草莓甜點好吃到讓人想要舔盤子，所以我還失態地沒講上什麼話！

第二次與石鍋裕先生見面是在東京的台灣水果展銷會，沒想到他居然還記得我，（可見失態的女人會讓人印象深刻！）他用緊緊擁抱我來當重逢見面禮。當時石鍋裕先生應高雄縣政府之邀，在展銷會上大展神技，在短短的時間內用高雄縣特產——芒果、鳳梨、木瓜等水果，神乎其技地做出了十幾種佳餚，讓在場所有日本朋友目瞪口呆，也讓台灣優質水果的風味在日本消費者心目留下了深刻的印象！

會後，石鍋裕先生帶著我們一行人浩浩蕩蕩地來到了東京西麻布地區「W餐廳」。這是一家讓人感覺格外輕鬆、自在的法國餐廳，而且還正好位於石鍋裕的創業之作「愛麗絲皇后餐廳」的隔壁。

這天晚上，我們將有榮幸吃到石鍋裕先生親自下廚料理、風味獨特的法國菜，而且他也給我們非常充裕的時間，可以好好地跟他聊聊。我在心中暗自擬定好問題，準備好好向他請教。

其實我要問的問題很簡單，全都集中在「食材與原味」上。

因爲石鍋裕先生在公開場合曾經三番兩次地強調「食材才是美食的主角，而非廚師！」這句話讓我非常困惑，而且這句話還不是石鍋裕先生的專利，因爲很多一流的大廚師也都曾經說過類似的話語。爲什麼呢？這些名滿天下的大廚師難道是謙虛過了頭嗎？

而且，我在法國上過兩次短期烹飪課程，我除了對烹飪課師資居然個個都是俊男美女感到驚訝之外，我也非常訝異他們居然會三不五時對著我們強調：「法國菜只有兩種作法，一：用簡單的方式表現原味、二：用非常複雜的方式來表現原味。」我承認原味很重要，但是我不認爲原味有法國人說得這麼重要。

因爲我這兩個問題的確是大哉問，所以石鍋裕先生先講了一個故事來回答第二個問題，不過這個故事跟電影《料理鼠王》的劇情眞的非常類似。

話說石鍋裕先生在二十三歲的時候負笈遠赴法國鑽研法國料理，當時他跟法國師傅學習如何熬燉玉米濃湯，而且還是採用最複雜的烹飪方式。但是他覺得做出來的玉米濃湯離「好吃」還是有一段不小的距離，所以石鍋裕先生非常氣餒。

這時他突然想起記憶深處最好吃的玉米湯，那是石鍋裕媽媽用她剛從田裡摘來的玉米所煮出的玉米湯，不過他不能確定那個對自己有意義、只有自己喝過的玉米湯是否就是最好吃的玉米湯。

某天，石鍋裕喝到米其林三星大廚——Chef Paul Bocuse先生所煮的玉米湯，他赫然發現這湯好喝得不得了，而且還有石鍋裕媽媽的味道！於是有如天神一般的Chef Paul Bocuse先生立即爲石鍋裕開示：「能夠呈現食物原味的就是好吃的料理！」石鍋裕這時才恍然大悟！

經過石鍋裕這麼一說，其實我有所頓悟。像我的胡瓜煎餅就有我父親、我爺爺、我媽媽、我大爺的味道，我原本一直認爲那只是我家專屬的味道罷了，但是朋友們都非常喜歡我的胡瓜煎餅，難不成就是因爲表現出胡瓜的原味，所以才會大受歡迎呢？

石鍋裕先生緊接談到食材的話題，石鍋裕之所以名滿天下，就是因爲他對於食材的運用行雲流水、海闊天空。「對食材懂得愈多，廚師做菜時的想像空間也就愈大。有了想像力，廚師就可以自由創作各種料理！」石鍋裕如是說。

因為「W餐廳」用餐的氣氛實在很好，所以石鍋裕先生的話匣子也就被打開了。他主動跟我們提起了「愛麗絲招牌鵝肝」的故事，這是最能解釋食材與原味之間微妙關係的最佳故事。

「我當年剛從法國返日的時候，立志要做出可以讓人感到全身放鬆的料理，那時我的第一步就是法國鵝肝，這可是我心目中最棒的法國美味呢！所以我大膽地率先引入法國新鮮鵝肝，希望可以讓日本人也能嚐嚐看。」石鍋裕先生的思緒回到了三十年前。

「不過……我踢了一塊大鐵板！日本人覺得法國鵝肝實在太油膩！難吃死了！無論我怎麼改良，日本人就是不愛吃。老實說，那時我眞的非常沮喪，我咒罵這些客人：『那是你們老土，才不明瞭法國鵝肝的美味！』不過我並未說出口，只是在心裡嘀咕，因為我覺得一定是自己某個環節做錯了！」

「我原本很想堅持法國鵝肝的原味，覺得不應該輕易地妥協，但是又想到如果因為自己的堅持，而讓客人吃了不開心、無法全身放鬆，似乎違反當初我想回日本創業開餐廳的初衷。」石鍋裕先生緩緩說道。

這時石鍋裕先生陷入原味與好吃之間的掙扎。雖然大家都知道「表現出原味就是好吃的料理」，但是法國鵝肝畢竟不是日本人的原味，倘若客人覺得不好吃，那鐵定就是不好吃，所以就妥協吧！妥協也不一定就是壞事！

後來的故事眞的可以稱得上是傳奇。某天石鍋裕先生下班回家途中，在公園邊的小吃攤吃消夜，當小吃攤老闆端上關東煮的白蘿蔔時，石鍋裕先生突然靈光乍現：「我爲什麼不用白蘿蔔來搭配法國鵝肝呢？白蘿蔔的清爽口感正好可以化解法國鵝肝的油膩啊！」

於是石鍋裕先生立即飛奔回廚房做試驗，將白蘿蔔與法國鵝肝這兩種截然不同的食材「湊和配對」，於是開發出「愛麗絲招牌鵝肝」這道經典菜餚！不但讓日本人從此接受了法國鵝肝，也讓石鍋裕一戰成名，奠定了餐飲業的基礎，從此成爲日本一代名廚。

石鍋裕先生今晚的這一課眞的讓我們收穫匪淺。我終於明瞭原味與美味之間的微妙關係，我也認同石鍋裕先生認爲美食就是讓人全身放鬆、吃進心坎裡的定義。

我不否認食材優劣是美食的關鍵，但是我認爲好廚師才是眞正關鍵！如果沒有一位好廚師發揮想像力來激發食材的原味，讓不同食材可以和諧共存，呈現出嶄新的絕美體驗，那麼空有好食材，依舊是無法呈現出一桌好菜的。

食神教我的這一課

一講到「食神」兩字，我想大家都會直接聯想到周星馳所飾演的食神——史提芬周吧？

在《食神》這部電影裡頭，史提芬周的食神頭銜是由法國廚藝學會所頒發的，事實上，眞的是有法國廚藝學會大獎（Académie Nationale de Cuisine）這個獎項，但是這個獎項是否等於食神頭銜，這我就不太清楚了！

我想，這世界上曾經被稱爲「食神」的廚師應該不少，不過我心目中的「食神」只有一位，他就是——皮耶．加尼葉先生（Pierre Gagnaire）。

皮耶．加尼葉先生是法國新料理主義（Nouvelle Cuisine）的代表人物。他的廚藝灑脫中帶著自我約束，手法是嚴謹裡藏著瘋狂創意，早已經到達其他廚師望塵莫及的藝術層次。但是由於他的個性強烈、廚藝過於個性化，所以人們對他的評價往往非常極端。不過這也無所謂，我想會被稱爲神的人，大概都曾經擁有兩極化的評價吧？

爲何我當初會把一位我未曾謀面、從未吃過他的菜的皮耶．加尼葉先生視爲食神呢？其實關鍵在於前一篇文章的主角——石鍋裕先生。

皮耶．加尼葉其實算是石鍋裕的師父，當年石鍋裕在法國學藝的最後一年，就在皮耶．加尼葉開的餐廳上班。皮耶．加尼葉將石鍋裕晉升爲餐廳的第一副主廚，而且還特別爲他加薪，這薪水還超越一般行情甚多呢！理論上，既升官又加薪的石鍋裕應該很開心才是，但他卻選擇在此時辭職，離開法國。

爲什麼要辭職呢？那是因爲石鍋裕認爲自己受到皮耶．加尼葉的肯定，就代表他的廚藝已經到達某種境界，該是學成歸國、回日本創業的時候了！所以連一代鐵廚——石鍋裕先生都大力推崇的好廚師，親愛的，您認爲皮耶．加尼葉算不算是食神呢？

不過，只是聽聽江湖上的傳奇故事，自己卻還沒見過食神的廬山眞面目，也沒吃過食神做的菜，這未免也太說不過去吧？於是我就請我的朋友、知名旅法美食家謝忠道先生幫忙訂位，他爽快地答應我的請求，不過也撂下了警告：「妳一定要有心理準備，吃食神的菜就像經歷一場震撼較育，吃完之後，妳會三個月不知肉味，不知道下一餐該吃什麼！」

經過數個月的等待，終於讓我等到了位置，於是我與老公就安排了一次法國之旅，重點則是光臨食神開的餐廳，吃食神做的菜。

皮耶．加尼葉先生開的餐廳就是以自己的名字來命名，位置位於巴黎第八區精品街。不過這餐廳的外觀眞的是低調過了頭，我與老公坐計程車在巴黎街頭繞了好多圈才找到。

走進皮耶．加尼葉的餐廳之後，我發現餐廳內部裝潢也是異常低調，儘是清一色灰色與原木色系的家具與擺飾，毫無其他米其林三星級餐廳該有的金碧輝煌！

坐在位置、等待享用食神大餐之前，老公問我一個很棒的問題：「別人怎麼看他都無所謂，妳知道皮耶．加尼葉是如何看待自己嗎？」當然！這問題非常簡單，因爲我早就調查清楚了。皮耶．加尼葉曾經說過自己就像是一位電影導演，用食物來創作高潮起伏的劇情。「我要讓客人吃到我的菜之後，就像看了一場電影一樣，從眼睛、味蕾到心靈都充滿感動！」皮耶．加尼葉如是說。

在食神餐廳享用的第一道菜就是震撼教育！這是一個很像小玩具的小點心，每項都是小到不能再小的迷你食物，像是三分之一大小的壽司造型點心、三分之一大小的小魚乾與咖哩煎餅，每樣點心都精緻無比、賞心悅目，讓我不太敢吃進肚子裡。

接下來的菜餚也都是近乎藝術品的組合菜，光是一道番茄，食神就用六種不同方式來表現，像番茄酒凍、糖漬番茄、番茄薄餅、炸番茄、番茄調酒。食神運用六種不同品種的番茄，用六種大膽且細膩的呈現方式來襯托出番茄的原味，光這道精彩的番茄組曲就已經讓我見識到食神的創作實力。

皮耶．加尼葉的絕活就是「顛覆人們對美食的所有認知」，他最擅長在一道菜內呈現出三～四種讓人完全無法聯想在一起的食材，當然，烹調步驟也是完全讓人摸不著頭緒、絕對猜不出來其中的次序邏輯！我想這就是皮耶．加尼葉所呈現出來的想像力與藝術境界吧？

不過皮耶．加尼葉的餐廳永遠高朋滿座、而且每道菜都是費工費時的組合菜。他用盡我所能想像的所有食材，盤飾也個個都是我無法想像的華麗！如此繁瑣的烹飪方式想必會整死一票廚師。

這時我腦海中突然冒出「一將功成萬骨枯」這個成語，同時一個非常奇幻的畫面也立即蹦了出來。我想皮耶．加尼葉餐廳的廚房裡是不是有著一群愁眉苦臉的苦勞廚師；揮汗如雨地想要成就皮耶．加尼葉的食神美名。然後皮耶．加尼葉還拿著皮鞭，三不五時跑進廚房大聲小叫，敦促這些苦勞們要奮力打拚？

於是我馬上就提出參觀廚房的要求，我想要看看廚房裡的工作人員是不是如同我想像般水深火熱。這時風度翩翩的食神——皮耶．加尼葉先生居然就在我眼前現身，他眞的是非常友善的人，而我就像小粉絲一樣，立即忘記我的初衷是解廚房工作人員於倒懸，馬上就提出合影留念的請求。食神很親切地與我們這群粉絲合照，而且還主動邀請我們去廚房參觀。

進了皮耶．加尼葉餐廳的廚房之後，才發現……天啊！我之前眞的是想太多了！這個廚房裡頭共有十八位廚師，個個都是訓練有素的年輕人，連一位老頭子都沒有！這個由皮耶．加尼葉親自操刀設計的廚房動線也非常棒！讓每位廚師都可以忙中有序地穿梭於其中，絲毫沒有任何忙亂的感覺。

您知道嗎？這十八位廚師走路的樣子都非常優雅，臉上也都掛著迷人的笑容，當我看到他們的感覺，就好像觀賞一群巴黎時裝模特兒在走伸展台一樣。食神果然是食神，不但自己神，他所訓練出來的廚師也很神！

當我從廚房走出來後，覺得有恍如隔世的感覺！我想食神果然不是浪得虛名！我能有機會吃到食神餐廳有如吟詩作畫的好菜，有機會跟食神合影留念；能夠親眼看到有如時尚發表會一般優雅的神奇廚房，我是何等三生有幸啊！

食神「顛覆人們對美食所有認知」的作法，讓我學到了非常寶貴的一課。

The Eurasian Publishing Group
圓神出版事業機構
用心與你對話・視野無限寬廣
如何出版社
Solutions Publishing

http://www.booklife.com.tw inquiries@mail.eurasian.com.tw

Happy Leisure 048

于美人幸福好食光

作　　者／于美人
撰　　稿／闞　驊
發 行 人／簡志忠
出 版 者／如何出版社有限公司
地　　址／台北市南京東路四段50號6樓之1
電　　話／（02）2579-6600・2579-8800・2570-3939
傳　　真／（02）2579-0338・2577-3220・2570-3636
郵撥帳號／ 19423086　如何出版社有限公司
總 編 輯／陳秋月
主　　編／林振宏
專案企畫／賴真真
責任編輯／ 2.1/2女朋友（溫淑閔）・林振宏
美術編輯／金益健
行銷企畫／吳幸芳・王軺鈞
印務統籌／林永潔
監　　印／高榮祥
校　　對／于美人・闞　驊・溫淑閔・林振宏
排　　版／杜易蓉
經 銷 商／叩應有限公司
法律顧問／圓神出版事業機構法律顧問　蕭雄淋律師
印　　刷／祥峰印刷廠
2009年9月　初版

定價 280元　ISBN 978-986-136-221-2

有了正確的知識，卻不付諸行動，完全沒有意義。
吃正確的食物、養成好的生活習慣、多喝好水、充分休息、
適度運動、時時保持幸福愉悅。
擁抱不生病的生活，隨時開始，永不嫌遲。

——《不生病的生活》

國家圖書館出版品預行編目資料

于美人幸福好食光/ 于美人 著. -- 初版.
-- 臺北市： 如何，2009.9
240面 ；14.8×20.8公分. --（Happy leisure ；48）

ISBN：978-986-136-221-2（平裝）

1. 飲食　2. 烹飪　3. 文集

427.07　　98012295

我的私房味自慢—胡瓜煎餅

食材：胡瓜1顆、蔥2支、中筋麵粉適量、雞蛋一顆

調味料：鹽少許、胡椒粉少許

作法：

(一) 胡瓜削皮刨絲，加入鹽殺青，醃5～10分鐘後，將水分瀝乾後備用。

(二) 加入雞蛋、蔥花、鹽、胡椒粉、中筋麵粉拌勻。

(三) 起油鍋，將胡瓜麵糊攤平，煎至兩面金黃即可。

小叮嚀：

1. 要把胡瓜籽去除，因為籽會出水，讓口感變差。只用胡瓜肉即可！
2. 胡瓜很會出水，所以一定要把水份擰乾，而且要打一顆蛋，煎出來才會酥、才能味自慢！

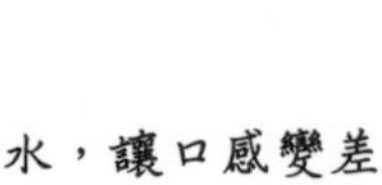